30 Minuten

Preismanagement

Rolf Bielinski

Externe Links wurden bis zum Zeitpunkt der Drucklegung des Buches geprüft. Auf etwaige Änderungen zu einem späteren Zeitpunkt hat der Verlag keinen Einfluss. Eine Haftung des Verlags ist daher ausgeschlossen.

Bibliografische Information der Deutschen Nationalbibliothek. Die Deutsche Nationalbibliothek verzeichnet diese Publikation in der Deutschen Nationalbibliografie; detaillierte bibliografische Daten sind im Internet über http://dnb.d-nb.de abrufbar.

ISBN 978-3-96739-215-9

Umschlaggestaltung: Zerosoft, Timisoara (Rumänien)
Umschlagkonzept: Buddelschiff, Stuttgart | www.buddelschiff.de
Lektorat: Silke Martin, Kriftel
Autorenfoto: Oliver Wagner
Satz und Layout: Zerosoft, Timisoara (Rumänien)
Druck und Bindung: Salzland Druck, Staßfurt

Ein Hinweis zu gendergerechter Sprache: Die Entscheidung, in welcher Form alle Geschlechter angesprochen werden, obliegt den jeweiligen Verfassenden.

Wir drucken in Deutschland.

www.gabal-verlag.de
www.gabal-magazin.de
www.twitter.com/gabalbuecher
www.facebook.com/gabalbuecher
www.instagram.com/gabalbuecher

PEFC
PEFC/04-31-2251

PEFC-zertifiziert
Dieses Produkt stammt aus nachhaltig bewirtschafteten Wäldern und kontrollierten Quellen
www.pefc.de

ÖKOLOGISCHE VERANTWORTUNG

Wir übernehmen Verantwortung! Ökologisch und sozial!

- Verzicht auf Plastik: kein Einschweißen der Bücher in Folie
- Nachhaltige Produktion: Verwendung von Papier aus nachhaltig bewirtschafteten Wäldern, PEFC-zertifiziert
- Stärkung des Wirtschaftsstandorts Deutschland: Herstellung und Druck in Deutschland

Wissen auf den Punkt gebracht

Dieses Buch ist so konzipiert, dass Sie in kurzer Zeit prägnante und fundierte Informationen aufnehmen können. Mithilfe eines Leitsystems werden Sie durch das Buch geführt. Es erlaubt Ihnen, innerhalb Ihres persönlichen Zeitkontingents (von 10 bis 30 Minuten) das Wesentliche zu erfassen.

Kurze Lesezeit

In 30 Minuten können Sie das ganze Buch lesen. Wenn Sie weniger Zeit haben, lesen Sie gezielt nur die Stellen, die für Sie wichtige Informationen beinhalten.

- Schlüsselfragen mit Seitenverweisen zu Beginn eines jeden Kapitels erlauben eine schnelle Orientierung: Sie blättern direkt zu dem Thema, das Sie besonders interessiert.
- **Zahlreiche Zusammenfassungen innerhalb der Kapitel erlauben das schnelle Querlesen.**
- Ein Fast Reader am Ende des Buches fasst alle wichtigen Aspekte zusammen.
- Ein Register erleichtert das Nachschlagen.

Inhalt

Vorwort von Martin Limbeck

Wir leben in besonderen Zeiten. Wirtschaftskrise, Inflation, gestiegene Produktionskosten – das alles geht an Unternehmen nicht spurlos vorbei. Was wünschst du dir als Unternehmer in so einer Situation? Natürlich, dass dein Produkt den wirtschaftlichen Erfolg deines Unternehmens sichert und der Umsatz trotzdem reinkommt.

Die Realität sieht vielerorts leider anders aus: Gerade im Mittelstand kämpfen viele Betriebe, darunter auch alteingesessene Traditions- und Familienunternehmen, ums Überleben, weil sie seit Monaten rote Zahlen schreiben. Dementsprechend hat der Vertrieb meist von oben nur noch eine Ansage: Verkaufen, was das Zeug hält. Gleichzeitig nehmen Unternehmen ihre Kosten noch stärker in den Fokus, um den Vertrieb so effektiv wie möglich zu gestalten.

Die Absatzmengen zu erhöhen und Kosten zu reduzieren, wo es noch möglich ist, sind wichtige Ansatzpunkte, um Umsatz und Gewinn zu stabilisieren, keine Frage. Aber ist es nicht die logische Schlussfolgerung, die Preise zu erhöhen, wenn die internen Kosten steigen?

„Wenn wir jetzt an der Preisschraube drehen, können wir direkt dichtmachen. Da laufen uns die Kunden weg, die schauen eh schon auf jeden Cent!“ Sie werden nicht glauben, wie oft ich diese oder ähnliche abwehrende Aussagen in den letzten Monaten von Vertriebsleitern, CEOs oder Unternehmern gehört habe. Dabei sind nach meiner Erfahrung oft gar nicht die Kunden das Thema, sondern es sind die Verkäufer, die Angst haben, durch angepasste Preise nicht mehr zum Abschluss zu kommen. Und das, obwohl höhere Preise auch mehr Provision, mehr Umsatz und mehr Gewinn mit sich bringen.

Für alle, die bereit sind, diese Herausforderung anzunehmen, ist das vorliegende Buch genau das Richtige. Rolf Bielinski ist seit mehr als 18 Jahren Partner und Trainer bei der Limbeck Group – und der Experte, wenn es um das Thema Preisgespräche und die Entwicklung der dahinterstehenden Strategien geht. Er betrachtet systematisch die Auswirkungen von höheren Preisen und gibt Ihnen konkrete Tipps, wie die planerische Umsetzung im Unternehmen erfolgen kann.

Denken Sie immer daran: Ihre Produkte sind ihren Preis wert!

Ich wünsche Ihnen bei der Umsetzung Ihrer Preisstrategien viel Erfolg und Glück auf!

Martin Limbeck
Unternehmercoach, Bestsellerautor, Vertriebsexperte

Damit die Texte in diesem Band angenehmer zu lesen sind, wird die kürzere männliche Schreibweise verwendet, zum Beispiel „Kunden“ oder „Manager“. Selbstverständlich gilt die männliche Schreibweise als Synonym für die männliche, weibliche und diverse Form. Gemeint sind also stets alle männlichen, weiblichen und diversen Personen.

Warum ist die Preisbildung für Gewinnsteigerungen so entscheidend?

Seite 10

Worin besteht professionelles Preismanagement?

Seite 17

Was bedeutet Preismacht?

Seite 19

1. Grundlagen des Preismanagements

Auf den ersten Blick sind Preise eine einfache Sache. Als Verbraucher können Sie auf Websites wie *idealo* die Preise für ein Produkt vergleichen und sich schnell für einen Anbieter entscheiden. Aber warum bieten Hersteller und Händler ihre Produkte eigentlich zu bestimmten Preisen an, die sich zum Teil erheblich voneinander unterscheiden? Wie entstehen Preise überhaupt? Bei genauerem Hinsehen stellt sich heraus, dass Preise und ihre Entstehung eine kompliziertere Angelegenheit sind als zunächst vermutet.

Unternehmen – vor allem solche, die große Sortimente anbieten – müssen sich fragen, wie sie optimale Preise für ihre Produkte entwickeln. Denn Preise sind der Hebel, an dem sie ansetzen müssen, um ihre Gewinnpotenziale möglichst weitgehend auszuschöpfen. Mit professionellem Preismanagement können Unternehmen die Wirkungen ihrer Preise auf ihre Absatzmengen, Umsätze und Kosten steuern. Dabei müssen sie allerdings auch andere Einflussfaktoren berücksichtigen, zum Beispiel die Zusammensetzung ihres Angebots, ihre Kunden, ihre Wettbewerber und ihre Branche.

Preisbildung ist also eine komplexe Sache. Trotzdem, oder gerade deshalb, versuchen immer mehr Unternehmen, mit professionellem Preismanagement ihre Gewinne zu erhöhen. Dazu gehört letztlich auch die Fähigkeit, die eigenen Preise gegenüber Kunden, Wettbewerbern und Lieferanten durchzusetzen.

1.1 Wie Preis und Gewinn zusammenhängen

Es gibt nur drei Hebel, an denen Unternehmen ansetzen können, um ihre Gewinne zu beeinflussen:

Gewinn = (Preis x Absatzmenge) – (fixe + variable) Kosten

Der Preis ist von diesen drei Hebeln derjenige, mit dem Unternehmen ihre Gewinne besonders wirksam und dauerhaft steuern können. Preiserhöhungen führen zu starken Gewinnsteigerungen, Preissenkungen dagegen zu schmerzhaften Gewinnverlusten. Ein Unternehmen profitiert stärker davon, den Preis für seine Produkte zu erhöhen, als davon, dessen Absatzmenge zu vergrößern. Ebenso ist es unter Gewinnaspekten für ein Unternehmen vorteilhafter, Rückgänge bei der abgesetzten Menge eines Produktes zu akzeptieren, als seinen Preis zu reduzieren. Anhand des einfachen Beispiels eines Herstellers von Wälzlagern lässt sich zeigen, welche Bedeutung die Optimierung von Preisen hat, um Gewinne zu erhöhen:

Produzierte Jahresmenge: 100.000 St.
Verkaufspreis/Stück: 100 €
Summe Fix- u. variable Kosten/Stück: 75 €
Umsatz/Jahr: 10.000.000 €
Kosten/Jahr: 7.500.000 €
Ertrag/Jahr 2.500.000 €

Erhöht der Hersteller den Preis für sein Produkt um acht Prozent und stellt zehn Prozent weniger davon her, erhöht er seinen Ertrag um 470.000 Euro. Steigert er dagegen seine Jahresproduktion um 20 Prozent und senkt den Preis um zehn Prozent, verliert er 700.000 € an Ertrag.

Höhere Preise = größerer Ertrag

Höhere Preise wirken sich also deutlich stärker auf den Ertrag aus als eine erhöhte Absatzmenge bei gleichzeitiger Reduzierung der Preise. Eine Erhöhung des Gewinns durch die Steigerung der Absatzmenge ist letztlich nur möglich, wenn ein Unternehmen seine Kosten deutlich senken kann. Doch viele Unternehmen haben bereits ihre Einsparungspotenziale ausgereizt. Dazu kommt, dass Energie, Löhne und diverse Nebenkosten deutlich teurer geworden sind. Zwar erhöhen viele Unternehmen ihre Preise, aber das ist in der Regel nicht in dem Maß möglich, wie es die gestiegenen Kosten eigentlich verlangen würden, wenn auch externe Faktoren wie die Inflation in die Rechnung einfließen. Unternehmensführungen sollten daher dem Preismanagement deutlich mehr Aufmerksamkeit widmen.

Üblich: Marktanteile erhöhen

Für das Mengenwachstum führen Unternehmen üblicherweise das Argument an, der Marktanteil sei bei dieser Alternative größer, führe zur Steigerung der Absatzmengen und auf diese Weise langfristig zu größeren Gewinnen. Deshalb stecken Unternehmen häufig viel Zeit und Energie in ausgefeilte Marketinginstrumente und Vertriebsstrategien, statt das Augenmerk aufs Preismanagement zu richten. Zudem ist es in gesättigten Märkten schwieriger, die eigenen Absatzmengen und damit Umsatz und Gewinn weiter zu steigern. Dagegen sind die Gewinnpotenziale eines professionellen Preismanagements bei Weitem noch nicht ausgereizt.

Wechselwirkungen zwischen Preis, Absatz und Kosten

Die drei Gewinntreiber Absatzmenge, Kosten und Preis hängen unmittelbar miteinander zusammen. Die Annahme, nur einen Gewinntreiber verändern zu können, ohne dabei die beiden anderen zu beeinflussen, widerspricht in der Regel der wirtschaftlichen Realität. Denn üblicherweise geht der Absatz bei einer Preiserhöhung von fünf Prozent zurück – die Absatzmenge aber auch: In einem stabilen Markt wird diese nicht um fünf Prozent steigen, ohne den Preis zu senken. Studien zeigen im Übrigen immer wieder, dass sich in vielen Fällen die Absatzmenge trotz teilweise beachtlicher Preiserhöhungen nicht verändert.

Umsatz, Gewinn, Preisabsatz- und Kostenfunktion

- Der Umsatz ist das Produkt aus Preis und Absatzmenge (Preis x Absatzmenge).
- Der Gewinn wird als Differenz aus Umsatz und Kosten definiert (Umsatz - Kosten).
- Die Preisabsatzfunktion gibt die Absatzmenge eines Produktes in Abhängigkeit von seinem Preis wider.
- Die Kostenfunktion gibt die Kosten in Abhängigkeit von der Absatzmenge an.

Preise sind komplex

Ein Preis ist eine einfache Sache, wenn wir eine Tüte Milch im Supermarkt kaufen, ein Paar Schuhe online bestellen oder für einen vorgegebenen Preis tanken. Wären alle Preise eindimensional, würde es ja reichen, für das Preismanagement nur an den beiden Stellschrauben Absatzmenge und Preis zu schrauben. Aber schon an der Zapfsäule zeigt sich, dass der Preis während eines Tages mehrfach variiert und wir mittags weniger für einen Liter Benzin zahlen als abends.

Wenn wir einen Mobilfunkvertrag abschließen wollen, müssen wir in der Regel mehrere Faktoren berücksichtigen, die den jeweiligen Preis und damit unsere Kaufentscheidung beeinflussen: Laufzeit, Smartphone-Modell, Größe der verfügbaren mobilen Daten, zusätzlich buchbare Features wie Streaming-Dienste etc. Und auch Supermärkte setzen auf Sonderpreise und Aktionen wie „3 für 2“ (drei Stück von einem Produkt für den Preis von zwei), um uns dazu zu bringen, mehr als geplant zu kaufen.

Für Tankstellen gibt es mittlerweile Preisvergleich-Apps, und bei Sonderangeboten im Supermarkt können wir noch ganz gut einschätzen, ob die Preise dafür uns tatsächlich einen Vorteil verschaffen. Aber schon beim Vergleich von Angeboten mehrerer Mobilfunkprovider stoßen wir mit unserem intuitiven Preisverständnis an Grenzen.

Preise haben viele Bestandteile

Oftmals erweisen sich Preise und Preissysteme also als mehrdimensionale, komplexe Gebilde, die sich aus mehreren Parametern zusammensetzen können, zum Beispiel:

- Grundpreis
- Rabatte, Boni, Konditionen, Sonderangebotspreise
- verschiedene Packungsgrößen oder Produktvarianten
- Sonderausstattungen oder Service

- Preise, die sich aus mehreren Bestandteilen zusammensetzen (z. B. Grundpreis und nutzungsabhängiger Preis)
- Preise für unterschiedliche Kunden(segmente)
- Preise, die sich nach Zeit und/oder Ort des Kaufs richten
- Preise für Produkte in einer bestimmten Produktlebenszyklusphase (siehe Kapitel 3.2)
- Herstellerabgabe- und Endverbraucherpreise
- Bündel- und Einzelkomponentenpreise
- im B2B: Preise, die sich aus Verhandlungen ergeben

Umfangreiche Sortimente und häufige Preisänderungen

Preise sind in der Praxis komplexe Konstrukte: So umfassen die Preislisten von Banken üblicherweise mehrere Hundert Positionen. Im Einzelhandel, zum Beispiel in Super-, Bau- oder Elektromärkten, sind Sortimente von mehreren Zehntausend Artikeln die Regel. Autohersteller oder Maschinenbauer führen Ersatzteillisten mit mehreren Hunderttausend Artikeln. Fluggesellschaften ändern im Laufe eines Jahres ihre Preise millionenfach. Preise sind also mehr- und zum Teil vieldimensional, und das macht das Preismanagement zu einem komplexen Vorhaben. Unternehmen, die sich aber dieser Aufgabe stellen, schaffen sich große Chancen, ihre Gewinne enorm zu steigern.

Einflussfaktoren bei der Preisbildung

Dazu kommt, dass die konkreten Rahmenbedingungen und Preisstrategien bzw. -taktiken in einzelnen Branchen sehr unterschiedlich sind, weil sie unter anderem von folgenden Aspekten abhängen:

- Branche: B2C oder B2B
- Marktstruktur (Monopol, Oligopol oder Polypol)
- Angebot/Produkte (identisch/homogen, weitgehend vergleichbar oder ausdifferenziert)
- Wettbewerbsverhalten (eher friedlich, neutral oder eher aggressiv)
- Kundengewohnheiten (Markenorientierung, Produkttreue, Preisbewusstsein etc.)
- Kostenstrukturen (fixe und variable Kostenanteile)
- Handelsstufen und -gewohnheiten (eigene Kalkulation, Beachtung von Preisempfehlungen oder Preisbindung)
- die Rolle des Online-Handels (Vertriebskanäle: stationärer Handel, hybrid oder reines E-Commerce)

Preismanagementkompetenz entwickeln

Jede Preisstrategie und -maßnahme (Preisneufestlegung, -erhöhung, -reduzierung, -optimierung etc.) können als Teil eines umfassenden Preismanagementprozesses verstanden werden. So steht ein Autohersteller bei der Einführung eines neuen Automodells vor allem vor der Frage, wie der Preis für das neue Produkt aussieht, um im Wettbewerbsumfeld optimal platziert werden zu können. Dagegen ist die Optimierung einzelner Preise für Hunderte von Varianten eines Modells und für Tausende von Ersatzteilen nicht möglich und zielführend. Daher hat die Automobilindustrie Systeme von Regeln und Verfahren entwickelt, um Preisprozesse zu systematisieren und institutionalisieren. Dabei spielen folgende Aspekte eine wichtige Rolle:

- Preisrelevante Informationen sammeln, analysieren und interpretieren, Preismodelle entwickeln, Entscheidungsregeln festlegen.
- Entscheidungsprozesse aufsetzen und etablieren, Zuständigkeiten und Verantwortlichkeiten bestimmen.
- Passende Anreize für den Vertrieb schaffen, seine Kompetenzen eindeutig definieren, ihn trainieren und für Verhandlungen qualifizieren.
- Die IT-Architektur inklusive passender Systeme für Preisentscheider und den Vertrieb schaffen.

Neben Autoherstellern sind die Pharmaindustrie, Telekommunikationsfirmen, viele E-Commerce-Unternehmen und Fluggesellschaften führend bei der Entwicklung professioneller Preismanagementsysteme und besitzen eine ausgeprägte Preismanagementkompetenz. Empirische Untersuchungen zeigen, dass solche Unternehmen langfristig höhere Gewinne erwirtschaften.

Von den drei Gewinnhebeln Preis, Kosten und Absatzmenge ist der Preis derjenige, mit dem sich Gewinne am ehesten erwirtschaften lassen. Zudem wirken sich Preisänderungen auf Umsätze, Kosten und Gewinne aus, die ihrerseits die Preisgestaltung beeinflussen. Dazu kommen noch der Wettbewerb, das Kundenverhalten, die Branche und andere Einflussfaktoren. Preise sind deshalb meist mehr- bzw. vieldimensionale Gebilde, denen das Preismanagement gerecht werden muss, um optimale Preise zu liefern.

1.2 Die Rolle des Preises im Marketing-Mix

Unter Marketing-Mix werden alle Entscheidungen und Maßnahmen verstanden, die dazu dienen sollen, ein Unternehmen, seine Produkte und Dienstleistungen oder auch eine Marke erfolgreich am Markt zu positionieren. Der klassische Marketing-Mix setzt sich üblicherweise aus vier Komponenten (4 P) zusammen:

- Produktpolitik (Product)
- **Preispolitik (Price)**
- Kommunikationspolitik (Promotion)
- Distributionspolitik (Place)

Vorteile des Preismanagements

Im Vergleich zu den anderen Bestandteilen des Marketing-Mix bietet der Preis hinsichtlich Management, Steuerbarkeit und Wirkung folgende Vorteile:

1. **Keine und nur geringe Vorabinvestitionen:** Bei Preismaßnahmen wie der Festlegung von Preisen für neue Produkte oder bei Preisänderungen sind die Vorabinvestitionen – soweit überhaupt welche anfallen – deutlich geringer als bei Kostenreduktionsprogrammen oder für Marketingkampagnen.
2. **Stärkere und schnellere Gewinnwirkung:** Bei Konsumgütern kann der Wirkungsfaktor einer Preisänderung – abhängig von Branche, Zielgruppen und Produktkategorien – bis zu 20-fach höher gegenüber vergleichbaren Marketing- und Vertriebsbudgets liegen. Die Wirkungen,

die sich aus Preismaßnahmen ergeben, treten schneller ein und wirken sich zeitnah auf den Gewinn aus.

3. **Leichterer und schnellerer Einsatz:** Im Gegensatz zu Produktmodifikationen und -innovationen, Marketingkampagnen oder Kosteneinsparungen lässt sich der Preis in der Regel kurzfristig an neue Situationen anpassen. Durch E-Commerce und mithilfe von Preisvergleichs-Websites hat sich das Tempo von Preisanpassungen noch einmal verschärft, und viele Anbieter müssen ihre Preise mehrmals täglich verändern – was sekundenschnell möglich ist. Seit 2013 können sich Verbraucher über eine App über die aktuellen Preise von deutlich mehr als 10.000 Tankstellen informieren. Ändert also eine Tankstelle ihre Preise und die Wettbewerber vor Ort reagieren nicht zügig auf diese Maßnahme, kann es innerhalb von Minuten zu erheblichen Verschiebungen der Marktanteile kommen. Das sogenannte Dynamic Pricing nutzt die Möglichkeit, Preise schnell entsprechend der jeweiligen aktuellen Angebots- und Nachfragesituation anzupassen.
4. **Schnelle Wirkung von Preisanpassungen bei Kunden:** Die erhöhte Preistransparenz von Online-Angeboten führt dazu, dass auch Kunden die aktuellen Preise unterschiedlichster Anbieter vergleichen und zügig ihre Kaufentscheidung treffen können – mit kurzfristigen, aber erheblichen Veränderungen der Marktanteile. Bei der Einführung neuer Produkte und aufwendigen Marketing- und Vertriebskampagnen dagegen reagiert die Nachfrageseite oft erst mit großer Verzögerung.

Gegenüber den drei anderen Ps des Marketing-Mix bietet das Preismanagement diese Vorteile: Preismaßnahmen benötigen meist keine vorherigen Investitionen, weil sie sich schneller und einfacher implementieren lassen. Ihre Wirkung setzt daher schneller und stärker ein, denn Kunden reagieren vor allem online zügig auf Preisänderungen und können so für Marktanteilsverschiebungen sorgen – bis der Wettbewerb mit eigenen Preismaßnahmen kontert.

1.3 Warum das Preismanagement an Bedeutung gewinnt

In diesem Buch geht es um Unternehmen, die grundsätzlich ihre Preise selbst festlegen und durchsetzen können – auch wenn einige Faktoren ihre Gestaltungsspielräume beeinflussen und zum Teil begrenzen, zum Beispiel ihre Unternehmensstrategie, die Märkte, in denen sie sich bewegen, ihre Wettbewerber, ihre Kunden etc.

Preisinnovationen

Neue Preismodelle zeigen, dass sich immer mehr Anbieter der Notwendigkeit bewusst sind, optimale Preise zu entwickeln, um brachliegende Gewinne abzuschöpfen. Flatrates sind im Mobilfunkbereich mittlerweile Standard, auch Prepaid-Systeme werden wieder populärer, weil verschiedene Provider Jahrespakete mit unterschiedlich großen Datenvolumina für einen festgelegten Preis anbieten. Die meisten Apps und Programme funktionieren heute nach dem Freemium-Prinzip: Die Basisversion ist kostenlos, für die Premiumversion mit zusätzlichen Features muss der Nutzer einen bestimmten Preis zahlen. Auch Preismodelle, die sich nach dem Verhalten von Nutzern richten, dringen immer weiter vor, zum Beispiel das von Versicherungen eingeführte „Pay-as-you-drive"-Modell, bei dem die Prämie von der Fahrweise abhängt, die durch ein im Auto installiertes Gerät erfasst wird und das den (noch) üblichen festgelegten Monats-, Quartals- oder Jahrespreis infrage stellt.

Preis und Preismacht

Der berühmte Investor Warren Buffett hatte schon vor einigen Jahren Preissetzungsmacht zum wichtigsten Faktor bei der Unternehmensbewertung erklärt. Preismacht fragt danach, ob und inwieweit ein Unternehmen seine Preise und Preisziele gegenüber Kunden und Wettbewerbern auf dem Markt durchzusetzen kann. Dabei spielt die Marke eine entscheidende Rolle, denn ihr Wert lässt sich unter anderem daran messen, welche Preispositionierung (siehe Kapitel 2.2) ein Unternehmen mit ihr etablieren kann.

Preismacht gegenüber Lieferanten

Unternehmen konkurrieren zudem entlang der gesamten Wertschöpfungskette, um günstige Preise bei Lieferanten durchzusetzen und ihre Margen zu verbessern. Preismacht wird in Zukunft noch wichtiger, nicht nur auf dem Markt, auf dem die fertigen Produkte gegeneinander antreten, sondern schon weit vorher – in der Entwicklung und Produktion. Autohersteller beispielsweise besitzen gegenüber ihren Zulieferern eine große Nachfrage- und Preismacht.

Preismacht gegenüber Herstellern

Aber auch Händler nutzen ihre überragende Position in einzelnen Branchen, um Herstellern gegenüber ihre enorme Nachfragemacht zu behaupten und ihre Preisvorstellungen durchzusetzen. So hatte sich Edeka beispielsweise 2023 geweigert, 20-prozentige Preiserhöhungen des US-Herstellers Mars zu akzeptieren und Mars-Produkte monatelang aus dem Sortiment genommen, bis sich beide Seiten Anfang 2024 wieder einigten.

Mit einem professionellen Preismanagement kann ein Unternehmen maßgeblich zu seiner Gewinnsteigerung beitragen, wenn es Preise als mehrdimensionale Gebilde versteht.

- Gezielte Preismaßnahmen sind dabei wirkungsvoller, als Absatzmengen zu erhöhen, Marktanteile zu vergrößern sowie Kosten zu senken.
- Demnach ist die Preispolitik gegenüber den anderen Marketinginstrumenten der wichtigste Hebel, an dem ein Unternehmen ansetzen muss, um seine Gewinnpotenziale auszuschöpfen. Viele Entscheider haben das mittlerweile verstanden und umgesetzt, etablieren spezielle IT-Systeme in ihren Unternehmen und versuchen mit neuen Preismodellen, die Zahlungsbereitschaft ihrer Kunden optimal abzuschöpfen.
- Preismacht ist ein wichtiger Indikator für die Frage, ob ein Unternehmen seine Preise durchsetzen kann, und damit ein entscheidender Faktor, der seinen Wert bestimmt.

Wie hängen Unternehmens- und Preisstrategien zusammen?

Seite 24

Welche Preisstrategien können Unternehmen wählen, und was ist dafür jeweils notwendig?

Seite 29

Wie werden aus einer Preisstrategie konkrete Preisentscheidungen?

Seite 39

2. Preisstrategien entwickeln

Viele Entscheider in Unternehmen legen Preise oft intuitiv gemäß ihrer Berufs- und Branchenerfahrungen fest oder greifen zu einfachen Preisbildungsverfahren, die aber unter dem Gesichtspunkt der Preis- und vor allem Gewinnoptimierung bestenfalls zweitklassige Ergebnisse liefern. Professionelles Preismanagement entsteht – auf der Basis der Unternehmensstrategie – aus der systematischen Analyse des Marktes, der Kunden, der Wettbewerber und anderen Faktoren, die sich auf die Preisstrategie auswirken.

Der Wert, den ein Produkt oder eine Marke für die Kunden eines Unternehmens hat, bestimmt letztlich auch deren Preispositionierung auf dem Markt. Sind Produkt und Marke aus Kundensicht ihren Preis wert, sind die Kunden bereit, die vom Unternehmen festgelegten Preise zu zahlen. Dann stimmt die Preispositionierung, auch und gerade hinsichtlich der Optimierung der Gewinne, die sich daraus ergeben.

Diese Preispositionierung ist eine langfristige strategische Entscheidung, die nur in Ausnahmefällen geändert wird, denn das gesamte Unternehmen vom Einkauf bis zum Vertrieb richtet sich danach aus. Erst wenn die strategische Preispositionierung steht, lassen sich daraus konkrete Preisentscheidungen auf operativer Ebene ableiten.

2.1 Unternehmensstrategie und Preisstrategie

Die Strategien und Ziele eines Unternehmens sind der Ausgangspunkt für die Preisstrategie und das Preismanagement. In der Regel verfolgen Unternehmen diese Ziele (oder zumindest die meisten davon):

- Kurz- oder langfristige Rentabilitätsziele wie Gewinn, Umsatzrendite, Return on Investment (ROI) etc. Letztlich ist der Shareholder Value das wichtigste langfristige Ziel, also die Steigerung des Unternehmenswertes.
- Mengen- und Wachstumsziele wie Absatzmenge, Marktanteil, Umsatz oder Umsatzsteigerung gelten meist als Ersatzziele für die langfristige Steigerung des Shareholder Value.
- Finanzielle Ziele wie Liquidität, Kreditwürdigkeit, Selbstfinanzierungsgrad etc.
- Soziale Ziele wie die Schaffung und Erhaltung von Arbeitsplätzen, die Zufriedenheit der Mitarbeiter, Corporate Social Responsibility (CSR) etc.
- Nachhaltigkeitsziele wie die Umweltverträglichkeit der Produktion, Klimaschutz, transparente Lieferketten etc.
- Transformationsziele, meist im Kontext der Digitalisierung von Unternehmen und der bewussten Umgestaltung der Unternehmenskultur.

Preise sind zwar nicht das einzige Instrument, mit dem Unternehmen ihre strategischen Ziele erreichen können, sie sind aber ein wichtiger Ansatzpunkt:

- Innovationen und/oder eine aggressive Preispolitik sind geläufige Mittel, mit denen Unternehmen Wachstumsziele zu verfolgen.
- Auf Kostensenkungen oder Preiserhöhungen greifen Unternehmen zurück, um Rentabilitäts- und Finanzziele zu erreichen.
- Um Machtziele wie Marktdominanz zu realisieren, können Unternehmen Preiskriege ausfechten oder Vertriebskanäle okkupieren.

Auswirkungen auf das Preismanagement

Auch wenn sich die strategischen Ziele eines Unternehmens oft widersprechen, wirken sie sich alle in unterschiedlichem Maße auf das Preismanagement aus. Unternehmen müssen daher hinsichtlich ihrer Preisstrategien Prioritäten setzen, denn ein professionelles Preismanagement setzt eindeutig definierte Preisziele voraus. So bestehen zum Beispiel zwischen Gewinn- und Umsatz-/Mengen-/Marktanteilszielen meist Zielkonflikte. Beide strategischen Ziele lassen sich gleichzeitig am ehesten mit neuen Produkten bzw. in wachsenden Märkten erreichen. Dagegen hindern Mengen- und Marktanteilsziele Unternehmen in stark umkämpften bzw. gesättigten Märkten häufig daran, höhere Gewinne zu erzielen. Deshalb ist es für sie entscheidend, in diesen Phasen festzulegen, welches Ziel strategischen Vorrang hat. In späteren Markt- oder Lebenszyklusphasen (siehe Kapitel 3.2) sollte das Gewinnziel in den Vordergrund treten, denn letztlich ist das Ziel von Unternehmen, ihre Gewinne zu maximieren.

Marktanteile durch Qualität und Innovationen

Entscheidend ist nicht, wie groß der Marktanteil ist, sondern, wie er erreicht wird. Setzt ein Unternehmen auf aggressive Preise, um Wettbewerber zu verdrängen, ohne dass es seine Kosten entsprechend reduziert bzw. niedrig hält, erkauft es seinen größeren Marktanteil im wahrsten Sinn auf Kosten seines Gewinns. Anders formuliert:

niedriger Preis + hohe Kosten = höherer Marktanteil bei geringerem Gewinn

Dagegen erhöht sich der Gewinn, wenn ein Unternehmen seinen Marktanteil durch Produktinnovationen und -qualität bei einem angemessenen Preis steigert, zum Beispiel durch die Entwicklung neuer Serviceangebote oder Technologien. Auf diese Weise ist es einem solchen Unternehmen möglich, auch weiter in Produktinnovationen und -qualität zu investieren. Aber auch Fusionen und Übernahmen können die Marktanteile eines Unternehmens vergrößern und seine Profitabilität steigern. Diese Aspekte sind besonders für Start-ups von Bedeutung, denn nicht jedes schafft es, schnell ein zweites Amazon zu werden.

Der Wert eines Unternehmens für seine Kunden

Da die Preise den Gewinn eines Unternehmens und sein Wachstum stark beeinflussen, sind sie entscheidend für den Unternehmenswert bzw. den Shareholder Value. Ein professionelles Preismanagement kann den Unternehmenswert erheblich steigern, Fehler beim Pricing führen dagegen dazu, dass er bröckelt oder sogar völlig zerstört wird. Die

Erfahrung zeigt, dass der Unternehmenswert schneller beschädigt oder zerstört wird, als er aufgebaut werden kann.

Kundennutzen als Basis der Wertermittlung

Basis des strategischen Preismanagements ist die Wert- und Preispositionierung eines Unternehmens. „Wert" bedeutet in diesem Kontext „Kundennutzen" bzw. „Value to Customer", denn hinsichtlich des erzielbaren Preises für ein Produkt ist ausschließlich der subjektiv wahrgenommene Wert relevant, den Kunden diesem Produkt beimessen.

Die Zahlungsbereitschaft von Kunden und der damit von einem Unternehmen erzielbare Preis spiegeln also stets den von Kunden wahrgenommenen Wert des Produktes dieses Unternehmens. Für einen aus ihrer Sicht höheren Wert sind Kunden bereit, mehr für ein Produkt zu zahlen. Ist der von ihnen wahrgenommene Wert eines Produkts hingegen niedriger als bei dem eines Wettbewerbers, sind Kunden nur zum Kauf bereit, wenn der Preis dafür niedriger liegt.

Wert schaffen, kommunizieren und steigern

Daraus folgt für ein Unternehmen: Erst den Wert seines Produkts für seine (potenziellen) Kunden identifizieren, dann den konkreten Preis dafür festlegen. Stimmt der Wert eines Produkts für seine Kunden, sind sie bereit, den vom Unternehmen angestrebten Preis zu zahlen. Daraus ergeben sich für Unternehmen drei wichtige Aufgaben:

- Mit Innovationen, Produktqualität, Design etc., aber auch durch die Wahl der Kundensegmente können Unternehmen **Wert schaffen**, denn Kunden haben unterschiedliche

Anforderungen an Produkte und nehmen damit auch deren Wert anders wahr.

- Die Werbung für ein Produkt, seine Positionierung auf dem Markt bzw. gegenüber dem Wettbewerb, die Stärke einer Marke, aber auch die Verpackung und die Platzierung eines Produkts im Laden etc. sind Ausdruck dessen, wie Unternehmen **Wert kommunizieren**.
- Die Zahlungsbereitschaft von Kunden steigt in der Regel, je länger Produkte ihren Wert beibehalten oder sogar steigern. Bei Luxusartikeln oder Automobilen beispielsweise entscheidet die Werterhaltung sogar ganz wesentlich mit darüber, welchen Preis Kunden zu zahlen bereit sind. Unternehmen, die solche Kundensegmente ansprechen und bedienen (wollen), tun also gut daran, den **Wert** ihrer Produkte **zu erhalten und zu steigern**.

Die strategischen Ziele eines Unternehmens bestimmen auch seine Preisstrategie. Unternehmen müssen für ihr strategisches Preismanagement klare Prioritäten bei ihren Zielen setzen. Basis des Preismanagements ist der Wert, den die Kunden einem Produkt, einer Marke und einem Unternehmen beimessen, denn dieser Wert bestimmt die Bereitschaft von Kunden, für ein Produkt und/oder eine Marke einen bestimmten Preis zu zahlen. Daraus ergibt sich für Unternehmen die Aufgabe, den Wert ihrer Produkte und Marke für ihre Kunden zu schaffen, zu kommunizieren, zu erhalten und zu steigern.

2.2 Preispositionierung

Die Positionierung eines Produkts oder einer Marke richtet sich also danach, wie ein Unternehmen Wert, Leistung und Preis so gestalten kann, dass der angestrebte Platz in der Wahrnehmung seiner Kunden erreicht wird. Was seine Preisgestaltung betrifft, muss es sich also bewusst entscheiden, in welcher Preislage oder welchen Preislagen es sein Angebot positionieren will:

- Luxuspreispositionierung
- Premiumpreispositionierung
- Mittelpreispositionierung
- Niedrigpreispositionierung
- Ultraniedrigpreispositionierung

Mit der gewählten Positionierung definiert ein Unternehmen, in welchem Rahmen sich seine entsprechenden Preisentscheidungen und -maßnahmen für ein Produkt und/oder seine Marke abspielen.

Wert-Preis-Relation

Die Preispositionierung berücksichtigt immer den zugrunde liegenden Wert, den das definierte Kundensegment einem Produkt und einer Marke zuweist, und beschränkt sich nie allein auf den Preis. Preis und Wert bzw. Leistung müssen stets im Verhältnis zueinander betrachtet werden. Insofern meint Preispositionierung immer Preis-Wert-Positionierung oder Preis-Leistungs-Positionierung, denn Preis und Leistung stehen in einem jeweils ausgewogenen

Verhältnis zueinander. Entscheidend ist dabei die Wahrnehmung der definierten Kunden(segmente).

Werteigenschaften von Produkten

Der Wert eines Produkts oder einer Marke besteht in Wert- und Leistungseigenschaften, die aus Kundensicht Nutzen stiften, also seinen Bedarf bzw. seine Bedürfnisse befriedigen:

- **Funktionale Bestandteile** eines Produkts betreffen seine Zweckmäßigkeit und Leistungsfähigkeit, bei einer Waschmaschine zum Beispiel ihre unterschiedlichen Waschprogramme, ihren Wasser- und Stromverbrauch sowie die Qualität und Langlebigkeit der verbauten Materialien.
- **Emotionale Eigenschaften** beziehen sich auf die positiven Gefühle, die Kunden bei einem Produkt oder einer Marke empfinden und die den gefühlten Nutzen für diese Kunden ganz wesentlich mitbestimmen, zum Beispiel Abwechslung, Aufregung, Freude oder Schönheit. Ruft ein Produkt oder eine Marke solche Gefühle bei Kunden hervor, wirkt sich das zum Teil stark auf ihre Bereitschaft aus, den vom Unternehmen kommunizierten Preis zu zahlen.
- **Symbolische Eigenschaften** zielen auf das Bedürfnis von Kunden ab, sich mit anderen als gleichartig empfundenen Personen oder einer sozialen Gruppe zu verbinden oder sich von ihnen abzugrenzen, um damit das eigene Selbstwertgefühl zu bestätigen oder zu verstärken, zum Beispiel bei Käufern von Artikeln bekannter Luxuslabels wie etwa Gucci, Louis Vuitton und Chanel.
- **Ethische Attribute** sollen Kunden das Gefühl geben, anderen Personen, einer Gemeinschaft oder der Umwelt

etwas Gutes zu tun und damit altruistisch und ethisch sinnvoll zu handeln. Der Nutzen solcher Produkte und Marken liegt für seine Kunden also darin, andere Personen oder Gruppen bzw. die Umwelt zu unterstützen.

Grundsätzlich kann jede dieser vier Eigenschaften auf den Bedarf und die Bedürfnisse der definierten Kunden(segmente) abstellen und damit deren Bereitschaft schaffen, den von einem Unternehmen angestrebten Preis zu zahlen (Preisbereitschaft). Ein Unternehmen muss daher alle seine Bereiche von der Forschung und Entwicklung über die Produktion bis zum Absatz – und damit auch die Auswahl und Qualifikation seiner Mitarbeiter – konsequent auf die angestrebte Preispositionierung ausrichten.

Luxuspreispositionierung

Ein Unternehmen entscheidet sich für eine Luxuspreisstrategie, indem es eine in der Wahrnehmung seiner definierten Kunden erheblich größere Leistung zu einem dauerhaft höheren Preis anbietet, als das für Produkte der Fall ist, die dem Marktdurchschnitt entsprechen. Damit ein Produkt und seine Marke das äußerst prestigetrachtige Image herausragender Qualität und außerordentlicher Seltenheit wahren, muss sein Preis sehr hoch sein. Daher liegen die Preise für Luxusgüter noch weit oberhalb derer von teuren Premiumprodukten.

Der Preis selbst ist ein wichtiges Merkmal, das Status und Prestige signalisiert und sich damit vor allem auf die emotionale und symbolische Komponente des Wertes für seine Kunden bezieht. Unternehmen begrenzen die Stückzahlen für ein Produkt ganz bewusst, um das Angebot zu verknappen und den Preis hoch zu halten. Die Preise von Luxusgütern sind meist Komplettpreise, denn sie beinhalten üblicherweise einen umfangreichen Service und weitere Leistungsmerkmale wie lebenslange Garantien und Clubmitgliedschaften. Von echten Luxusgütern werden weltweit oft nur wenige Hundert oder wenige Tausend Exemplare produziert und verkauft, oft noch in Handarbeit. Daher ist die Zahl der Vertriebsstellen sehr niedrig. Auch die exklusive Gestaltung der Verkaufsräume und die große Kompetenz sowie die außerordentliche Diskretion des Verkaufspersonals spiegeln die Bedeutung dieses Vertriebskanals wider.

Premiumpreispositionierung

Ein Unternehmen entscheidet sich für eine Premiumpreisstrategie, wenn es eine aus Kundensicht sicht- und fühlbar größere Leistung zu einem dauerhaft höheren Preis im Vergleich zum Angebot des Marktdurchschnitts anbietet. Kunden sind vor allem an der Qualität der Produkte sowie an der Kompetenz und/oder der Alleinstellung eines Unternehmens interessiert. Der Preis spielt dabei eine eher nachrangige Rolle, auch wenn er als Qualitätsmerkmal gilt. Die Kostenunterschiede zwischen den einzelnen Angeboten sind gering, denn die Kunden unterscheiden deutlicher zwischen den Anbietern und ihren Produkten hinsichtlich des wahrgenommenen Nutzens und der daraus resultierenden Zahlungsbereitschaft.

Daher müssen Premiumprodukte nicht nur bezüglich ihrer funktionalen Eigenschaften überlegen sein, sondern auch in ihren emotionalen, symbolischen und ethischen Eigenschaften überzeugen. Als symbolische Eigenschaft kann der hohe Preis selbst einen für Kunden positiven Nutzen darstellen, denn durch den Kauf und die Nutzung eines Premiumproduktes können sie sich bewusst von Durchschnittskunden und -produkten abheben.

Der vergleichsweise hohe Preis ist ein wichtiges Merkmal von Premiumprodukten. Unternehmen müssen in ihrem Preismanagement daher sehr auf Preispflege und -kontinuität achten, denn große Preisunterschiede zwischen vergleichbaren Produkten eines Herstellers oder Preisschwankungen widersprechen dem Image eines Premiumproduktes, das auf Wertbeständigkeit, Kontinuität und Zuverlässigkeit angelegt ist.

Aber auch die Innovationskraft eines Herstellers lässt sich über einen überdurchschnittlichen hohen Preis abbilden. So wird der USP eines Premiummodells in der Autobranche oft erst dadurch geschaffen, dass wichtige Innovationen wie ABS, ESP, Navigationssystem, Karbonkarosserie und elektrischer Antrieb üblicherweise zuerst in Premiummodellen eingeführt werden – und dann erst in Modellen mit Mittelpreis- und Niedrigpreispositionierung.

Mittelpreispositionierung

Ein Unternehmen entscheidet sich für eine Mittelpreisstrategie, wenn sein Angebot aus der Sicht seiner Kunden eine mittlere funktionale Leistung zu einem dauerhaft mittleren

Preis darstellt. Das Angebot bewegt sich beim Vergleich mit dem seiner Wettbewerber also im Bereich des Marktdurchschnitts. Bei Produkten mit einer Mittelpreispositionierung spielt die Markenführung eine wichtige Rolle, weil es sich oft um klassische Markenartikel wie die von VW, Bosch, Tempo, Langnese, Maggi, Rewe oder Edeka handelt, die bestimmte Eigenschaften wie Qualität, Image und Ubiquität (Überall-Erhältlichkeit) transportieren. Daher zeichnet eine gleichbleibend gute Qualität Produkte der Mittelpreisposition besonders aus, wobei die Hersteller eine kontinuierliche Verbesserung ihrer funktionalen Eigenschaften anstreben. Emotionale, symbolische und ethische Eigenschaften sind dagegen eher zweitrangig, wenn auch Nachhaltigkeit und Bioqualität zumindest im Lebensmittelhandel zunehmend eine Rolle spielen.

Mittelpreisanbieter achten aber auch auf ein möglichst konstantes Preisniveau. Sie versuchen, Preiskonflikte mit Wettbewerbern zu vermeiden, zum Beispiel, indem sie die funktionalen Eigenschaften und Preise einzelner Produkte leicht differenzieren, wie das bei Sonderangebotsaktionen der Fall ist, die aber nur in begrenztem Umfang durchgeführt werden, um das Markenimage nicht zu beschädigen.

Mittelpreisanbieter nutzen mehrere Vertriebskanäle, um die Reichweite ihrer Produkte möglichst auszudehnen, etwa Online-Plattformen und -Marktplätze sowie eigene Shops für den Direktvertrieb oder den Vertrieb über Zwischenhändler, wobei es von der jeweiligen Branche abhängt, wie stark der Onlinevertrieb gegenüber anderen Vertriebskanälen ist. Auf jeden Fall müssen Mittelpreisanbieter ihre jeweiligen Vertriebskanäle kontrollieren, um das Qualitätsversprechen, das ihre Marken machen, zu sichern.

In der Produktkommunikation werden vor allem die Leistungseigenschaften und die Qualität betont, weniger der Preis – und wenn, dann höchstens als gutes Preis-Leistungs-Verhältnis.

Niedrigpreispositionierung

Unternehmen, die eine Niedrigpreisstrategie verfolgen, bieten aus Kundensicht eine niedrigere Leistung zu einem dauerhaft niedrigeren Preis als der Marktdurchschnitt an. Der günstige Preis und die ausreichende funktionale Leistung stehen im Mittelpunkt von Niedrigpreisangeboten. Dabei ist das Ziel, alles an Leistung beim Produkt sowie im Marketing und Vertrieb wegzulassen, ohne dass die anvisierten Kunden(segmente) davon abgeschreckt werden.

Der Preis bildet also das Alleinstellungsmerkmal eines Produkts bzw. einer Marke sowie den Wettbewerbsvorteil eines Niedrigpreisanbieters. Alles ist bei ihm darauf ausgerichtet, auf Dauer das niedrige Preisniveau zu halten. Die Preise sind einfach gehalten und haben nicht mehrere Bestandteile (siehe Kapitel 1.1), auch Sonderangebote und Rabatte kommen nicht vor oder sind zumindest die absolute Ausnahme.

Die Produkte sind in ihrer funktionalen Leistung auf das Wesentliche reduziert (Nutzenkern), denn die Leistungsvereinfachung ist notwendig, um die Preise dauerhaft stabil auf niedrigem Niveau zu halten. Dazu gehört auch, dass Niedrigpreisanbieter standardisierte Produkte und ein begrenztes Sortiment anbieten und dass die Kosten entlang der gesamten Wertschöpfungskette vom Einkauf und der Produktion bis zur Platzierung am Point of Sale ständig kontrolliert und gegebenenfalls minimiert werden.

Trotz der Beschränkung auf ein überschaubares Sortiment, die funktionale Leistung – emotionale, symbolische und/oder ethische Leistungsbestandteile spielen keine Rolle – und niedrige Kosten müssen Niedrigpreisanbieter darauf achten, dass ihre Produkte eine vertretbare Qualität besitzen. Denn Niedrigpreisanbieter sind nur erfolgreich, weil sie einen niedrigen Preis mit einer annehmbaren Qualität verbinden.

An Discountern im Lebensmitteleinzelhandel – heute beträgt ihr Anteil knapp 50 Prozent – lässt sich der Erfolg der Niedrigpreisstrategie besonders gut ablesen. Aber auch in anderen Branchen und Bereichen wie Elektronik (Saturn/Media Markt, Pearl), Drogerien (dm und Rossmann), Bekleidung (KiK, Primark), Hotels (Motel One, Ibis Budget, B&B) oder Möbel (Poco, Roller, Mömax) haben sich Niedrigpreisanbieter durchgesetzt.

Ultraniedrigpreispositionierung

Die Ultraniedrigpreispositionierung ist die radikalisierte Version der Niedrigpreispositionierung: extrem niedrige Preise durch kompromisslos reduzierte Kosten und absolut minimierte funktionale Leistung.

Der Preis ist das überragende, wenn nicht das einzige Kaufargument in der Ultraniedrigpreisstrategie. Es gibt nur einen Preis, keine anderen Preisbestandteile, keine Rabatte und außer der komprimierten einfachen funktionalen

Version keine emotionalen, symbolischen oder ethischen Leistungsmerkmale der, wenn überhaupt, nur sehr wenigen Produktvarianten.

Dem Diktat der extrem niedrigen Kosten und Preise ordnen Ultraniedrigpreisanbieter alles unter: Die Produkte bieten nur das, was die Kunden unbedingt benötigen. Die gesamte Wertschöpfungskette von der Entwicklung über die Beschaffung, die Produktion und den Vertrieb zeichnet sich durch äußerste Vereinfachung und unerbittliche Kosteneffizienz aus.

Wie bei der Niedrigpreisstrategie gilt auch für Ultraniedrigpreisprodukte: Um erfolgreich zu sein und langfristig Erträge zu erwirtschaften, muss die Qualität von Ultraniedrigpreisprodukten stimmen, auch wenn sie nur absolut unverzichtbare Funktionsmerkmale bieten.

Repositionierung

Um ein Produkt, eine Marke oder ein Unternehmen langfristig in einem Markt zu etablieren, sind eine frühzeitige Festlegung und ein langer Atem notwendig, denn ein Unternehmens- bzw. Markenimage und damit auch die dazugehörige Preispositionierung lassen sich nicht beliebig und vor allem nicht kurzfristig ändern. Dennoch sind Märkte dynamisch. Änderungen und Neuerungen in der Technik, bei den rechtlichen Rahmenbedingungen, in den Kostenstrukturen, beim Verbraucherverhalten, durch Marktverschiebungen und bei Wettbewerbern zwingen Anbieter dazu, ihre Leistungen und ihre Preispositionierung zu überprüfen und gegebenenfalls anzupassen. Wenn ein Unternehmen darüber nachdenkt, seine bestehende Preisposition grundlegend zu ändern, kann das folgende Gründe haben:

- Seine Kunden(segmente) melden **neue/veränderte Ansprüche an die Produkte** an, z. B. hinsichtlich der emotionalen und ethischen Leistungsmerkmale, weshalb die Produkt- und Markenkommunikation intensiviert werden muss – und sich auf die Produktpreise auswirkt.
- **Innovationen und/oder neue Technologien** begünstigen höhere funktionale Leistungen und/oder ziehen niedrigere Kosten nach sich, was wiederum dazu führen kann, dass etablierte Produkte preislich niedriger positioniert werden müssen, um mit dem (günstigeren) Wettbewerb mithalten zu können.
- **Zusätzliche Wettbewerber**, z. B. in der Pharmaindustrie: Läuft das Patent für ein Arzneimittel ab, muss sich der Noch-Patentinhaber frühzeitig Gedanken darüber machen, wie er sein Präparat preislich repositioniert, denn andere Pharmafirmen werden mit Generika und Nachahmerprodukten den Preis des Originalmedikaments erheblich unterbieten.

In der Preispositionierung von Unternehmen spiegelt sich die Wahrnehmung, mit welchem Wert die jeweiligen Kunden(segmente) die Produkte und Marken dieser Unternehmen verbinden, wider. Im besten Fall sind also die Produkte eines Unternehmens aus der Sicht seiner Kunden ihren Preis wert. Als idealtypische Preispositionierungen gelten die Luxus-, Premium-, Mittel-, Niedrig- und die Ultraniedrigpreispositionierung, wobei die jeweiligen Kunden(segmente)

damit in unterschiedlichem Maß funktionale, symbolische, emotionale und ethische Eigenschaften verbinden. Eine Preispositionierung ist eine langfristig bindende strategische Entscheidung, weil sich alle Bereiche von Unternehmen darauf ausrichten müssen, und ihre Änderung ist eine Entscheidung, die gewichtige Gründe voraussetzt.

2.3 Vom strategischen zum operativen Preismanagement

Der Aufbau einer Preisposition kann Jahre dauern. Es handelt sich daher um eine strategische Entscheidung, die langfristige und umfassende Wirkungen entfaltet. Die Preispositionierung muss als langfristiger Prozess im Unternehmen selbst etabliert werden, denn er beinhaltet die entsprechende Ausrichtung aller Unternehmensbereiche von der Forschung und Entwicklung über die Produktion bis zum Marketing inklusive Produkt- und Markenkommunikation sowie Vertrieb. Des Weiteren muss die Preispositionierung im jeweiligen Markt und bei den jeweils identifizierten Kunden(segmenten) etabliert werden. Die Preispositionierung bzw. -strategie legt den Handlungsrahmen für weitere taktische Preisentscheidungen fest.

Der Prozess der Preispositionierung umfasst in der Regel drei Schritte:

1. **Marktsegmentierung inklusive Kunden- und Wettbewerbsanalyse:** Die Abgrenzung des relevanten Marktes

ist notwendig, um ihn grob segmentieren zu können, und die entscheidende Voraussetzung für eine erfolgreiche Preispositionierung.

2. **Definition von Zielkundensegmenten und Preispositionen:** Ist der Markt grob segmentiert, müssen ein oder mehrere Zielkundensegmente und die dazu passenden Preispositionen definiert werden. Dazu gehört auch die Frage, ob diese Preispositionen mit nur einer oder mit mehreren Marken und Produktkategorien besetzt werden sollen.
3. **Abgrenzung gegenüber (Preis-)Wettbewerbern:** Meist reichen die Grobsegmentierung und die Definition von Zielkundensegmenten nicht, weil viele Märkte gesättigt sind und sich immer weiter ausdifferenzieren. Innerhalb der gewählten Preislagen ist daher eine Abgrenzung von den jeweiligen Wettbewerbern notwendig, um die Positionierung innerhalb einer gewählten Preislage zu verfeinern. Dafür bietet sich nicht nur der Preis an, sondern die Unterscheidung anhand nichtpreislicher Merkmale:
   - Die Preise selbst werden innerhalb der gewählten Preislage feinjustiert.
   - Die bewusste Differenzierung innerhalb einer gewählten Preislage ist auch für Kunden anhand unterscheidbarer Leistungsbestandteile möglich, die funktional, symbolisch oder ethisch sein können.

Die Unternehmensstrategie liefert die Leitplanken für seine Preisstrategie.

- Entscheidend für die Positionierung von Produkten und Marken und deren Preisen ist der jeweilige Wert, den die Kunden(segmente) ihnen zuordnen. Dieser Wert bestimmt also letztlich den Preis.

- Insofern ist die Preispositionierung eine richtungsweisende Wertpositionierung, aus der sich fünf idealtypische Preisstrategien ableiten lassen: Luxus-, Premium-, Mitte-, Niedrig- und Ultraniedrigpreispositionierung.
- Um von diesen idealtypischen Preisstrategien zu konkreten taktischen Preisentscheidungen zu kommen, sind drei Schritte notwendig: eine grobe Marktsegmentierung auf der Basis einer Kunden- und Wettbewerbsanalyse – die Definition von Zielkundensegmenten und den dazu passenden Preispositionen – die Feinjustierung der Preisposition durch Merkmale, die eine Abgrenzung gegenüber den Wettbewerbern ermöglichen.

Welche Vorteile bieten Preisdifferenzierung und Preisbündelung?

Seite 44

Warum sind langfristige Preisentscheidungen so schwierig?

Seite 52

Welche Rolle spielen Steuern und andere staatliche Eingriffe beim Preismanagement?

Seite 57

3. Preisbildungsverfahren

Preise zu berechnen und zu optimieren, gehört zu den komplexesten und sensibelsten Aufgaben eines Unternehmens. Wegen der Aufgaben, die sich aus der Festlegung der Preispositionierung bzw. Preisstrategie (siehe Kapitel 2) ergeben, und wegen der Dynamik des Marktgeschehens (zusätzliche Wettbewerber, Umschwünge im Kundenverhalten, neue [technologische] Entwicklungen, Veränderungen bei den rechtlichen Rahmenbedingungen etc.) müssen Unternehmen ihre Preisentscheidungen in der Regel auf der Basis von Annahmen treffen – vor allem wenn es um längerfristige Planungen geht.

Die Wissenschaft diskutiert dazu unterschiedliche Methoden und Instrumente, die sich üblicherweise nach der Dauer ihrer Wirkungen unterscheiden lassen. Preisbildungsverfahren für den aktuellen bzw. einen kurzen Zeitraum (kurzfristige Preisoptimierung) sind zum Beispiel die Kosten-Plus-Preisbildung, die wettbewerbsorientierte Preisbildung, die Deckungsbeitragsrechnung und Decision-Support-Systeme.

Preisbildungsverfahren für mehrere zukünftige Zeiträume (= langfristige Preisoptimierung) richten sich prinzipiell nach dem Modell des Produktlebenszyklus, zum Beispiel die Skimming- und die Penetrationsstrategie, das Erfahrungskurvenkonzept, die aktive und reaktive Preissenkung. Dazu kommen noch mathematische Modelle, die mithilfe komplexer Formeln genauere Preisentscheidungen ermöglichen, für die aber das Know-how hochspezialisierter Fachleute wie externer Preisberater notwendig ist.

Den meisten Unternehmen ist es de facto nicht möglich, optimale Preise für ihre Produkte festzulegen, weil unter anderem diese Faktoren die Preisbildung beeinflussen:

- die Quantität und Qualität der Daten, die über den Markt, die Wettbewerber und die definierten Kunden vorliegen und ausgewertet werden können
- die Reaktionen der Kunden(segmente) auf Preisanpassungen und auf die Preise für neue Produkte
- die Reaktionen der Wettbewerber auf Preisanpassungen und neue Produkte bzw. auf die Preise dafür
- rechtliche Vorgaben
- der Zeitraum, für den die Preise gelten sollen
- die allgemeine Markt- und Wirtschaftslage
- technische/technologische Entwicklungen, die die Herstellung von Produkten spürbar beeinflussen
- der Internationalisierungsgrad, inwieweit also ein Unternehmen von Kunden und Lieferanten aus dem Ausland oder von internationalen Produktionsprozessen abhängig ist
- etc.

3.1 Preisdifferenzierung und Preisbündelung

Preisdifferenzierung und Preisbündelung sind zwei Verfahren, die sich insbesondere für Unternehmen eignen, die für ein oder wenige Produkte mehrere unterschiedliche Vertriebskanäle nutzen oder ein breites Sortiment anbieten.

Preisdifferenzierung

Verlangt ein Unternehmen in unterschiedlichen Vertriebskanälen, abhängig von Raum, Zeit und Menge, unterschiedliche Preise für ein und dasselbe Produkt, differenziert es seine Preise für dieses Produkt. Das gilt auch für Varianten dieses Produkts oder zumindest für sehr ähnliche Produkte, da Kunden darin Austauschprodukte sehen, die dem eigentlichen Produkt in Qualität oder in seiner funktionalen Leistung in nichts nachstehen. Deshalb muss ein Unternehmen seine Kunden nach preisbezogenen Marktsegmenten aufteilen, die in sich möglichst homogen und untereinander möglichst heterogen sind. Mit der Preisdifferenzierung erreicht ein Unternehmen heterogene Kundengruppen, die sich hinsichtlich ihrer Bereitschaft unterscheiden, je nach Situation ebenso unterschiedliche Preise für ein und dasselbe Produkt zu bezahlen.

Beispiel: Ein Softdrink mit 0,5 Litern Inhalt wird an unterschiedlichen Points of Sale (POS – Verkaufsstellen) angeboten. Schon im Lebensmitteleinzelhandel können die Preise zwischen Discountern und Supermärkten differieren, aber teurer wird eine Flasche mit derselben Menge dann an der Tankstelle, im Kino und vor allem in der Minibar eines Hotels. Würde der Softdrinkhersteller an all diesen Verkaufsstellen denselben Preis verlangen, würde er auf eine Menge Gewinn verzichten, denn Hotelbesucher sind bereit, für den Softdrink einen wesentlich höheren Preis zu akzeptieren – ein Kunde würde dagegen beim Discounter auf keinen Fall so viel bezahlen.

Zahlungsbereitschaften von Kunden abschöpfen

An diesem Beispiel zeigt sich die Idee der Preisdifferenzierung: Unternehmen wollen je nach Marktsegment unterschiedliche Zahlungsbereitschaften bei ihren Kunden optimal abschöpfen, um den Gewinn zu steigern. Das setzt voraus, dass diese Unternehmen ihre Kunden(segmente) und deren Zahlungsbereitschaften für unterschiedliche Preise sehr genau kennen, dies bei der Festlegung ihrer jeweiligen Preise so weit wie möglich ausnutzen und die unterschiedlichen Vertriebskanäle optimal bedienen. Die Preisdifferenzierung hat sich in der Praxis etabliert, weil sie bei richtiger Umsetzung zu erheblichen Gewinnsteigerungen führen kann.

Bei der Preisdifferenzierung lassen sich leistungs-, mengen- und personenbezogene sowie zeitlich und regional bezogene Formen unterscheiden. Diese Formen lassen sich auch miteinander kombinieren, wobei jeweils auch organisatorische und rechtliche Aspekte eine Rolle spielen.

Leistungsbezogene Preisdifferenzierung

Eine leistungsbezogene Preisdifferenzierung liegt vor, wenn ein Unternehmen Varianten eines Produktes anbietet, wobei die Unterschiede im Produkt selbst liegen, zum Beispiel hinsichtlich seiner Funktionen oder seiner Ausstattung – was dann auch unterschiedliche Preise begründet.

Beispiel: Ein Smartphone-Modell wird mit unterschiedlichen Speicherplatzgrößen (64 GB, 128 GB, 256 GB, 512 GB) angeboten, damit werden auch unterschiedliche Käufergruppen angesprochen, je nachdem, wie viel Platz sie für Fotos, Musik, Spiele etc. benötigen. Andere produktspezifische Differenzierungen kommen bei Kreditkarten (Normal, Gold, Platin) oder Flugtickets (Economy, Premium-Economy, Business, First Class) vor.

Mengenbezogene Preisdifferenzierung

Eine mengenbezogene Preisdifferenzierung ist in unterschiedlicher Form möglich:

- Büroartikelhändler bieten ihren Kunden Mengenrabatte für größere Abnahmemengen oder höhere Umsätze an. Der Einzelpreis für einen Artikel reduziert sich demnach mit seiner Menge oder dem Umsatz, den der Händler damit macht.
- Der zwei- oder mehrteilige Tarif setzt sich aus einem Grundpreis sowie einem oder mehreren Preisen für zusätzliche Einheiten zusammen. Beispiel: Autovermieter bieten Grundpreise für ihre Mietwagen an, die bestimmte Leistungen beinhalten. Kunden können aber je nach Wunsch zusätzliche Leistungen wie Vollkaskoversicherung, einen zweiten Fahrer oder Volltanken nach der Abgabe hinzubuchen.
- Der Blocktarif kombiniert einen zweiteiligen Tarif mit einem Einheitspreis: Bei einem Energieversorgungsunternehmen beispielsweise besteht der Preis aus einer Grundgebühr sowie einem Preis pro Verbrauchseinheit. Je höher die Grundgebühr, desto niedriger ist der variable Preis.

Personenbezogene Differenzierung

Bei der personenbezogenen Preisdifferenzierung, die vor allem bei Dienstleistungen üblich ist, ordnet ein Anbieter Personen mit unterschiedlichen Merkmalen auch unterschiedliche Preise bzw. Preisstufen zu, zum Beispiel dem Alter (Preise für Kinder und/oder Senioren), der beruflichen Situation (Schüler, Studenten, Berufstätige, Geschäfts- oder

Privatreisende), der Zugehörigkeit zu bestimmten Gruppen (Vereinen, Parteien etc.).

Zeitliche Preisdifferenzierung

Fordert ein Anbieter für ein Produkt oder Varianten davon je nach Tageszeit, Wochentag oder Saison unterschiedliche Preise, gilt das als zeitliche Differenzierung. Das sogenannte Dynamic Pricing gibt es zum Beispiel an Tankstellen (Tageszeit), bei Eintrittspreisen im Kino oder für Bahntickets (Wochentage) oder in der Tourismusbranche (Last-Minute-Angebote, Flug- und Hotelpreise je nach Saison). Auch Restaurants, die günstige Preise für Mittagsmenüs oder Happy-Hour-Tarife anbieten, nutzen die zeitliche Preisdifferenzierung. Dabei gilt: Je größer die Nachfrage zu bestimmten Tages- oder Jahreszeiten oder Wochentagen, desto höher sind auch die Preise.

Mehrpersonenpreisbildung

Die Mehrpersonenpreisbildung bezieht sich auf den Verkauf von Produkten an Personengruppen, wobei der Gesamtpreis in der Regel je nach der Anzahl der Personen variiert, zum Beispiel

- bei Tagesgruppentickets regionaler Verkehrsverbünde (wie etwa dem Bayern-Ticket),
- wenn Reiseveranstalter Familientarife anbieten, bei denen Familienmitglieder wie der Partner und/oder die Kinder günstiger oder umsonst mitreisen können,
- oder bei kurzfristigen Angeboten von Fluggesellschaften, bei denen Begleitpersonen nur den halben Preis zahlen.

Regionale und internationale Preisdifferenzierung

Erhebt ein Anbieter in unterschiedlichen Regionen und Ländern für dasselbe Produkt unterschiedliche Preise, dann handelt es sich um eine regionale bzw. internationale Preisdifferenzierung. Diese Differenzierung ist notwendig, weil sich das Produkt in unterschiedlichen Märkten mit jeweils anderen Käufern/Käufersegmenten, Wettbewerbern sowie Handels- und Kostenstrukturen behaupten musst. Ziel ist es also, den jeweils optimalen Preis für jede einzelne Region und jedes einzelne Land zu ermitteln, um die Zahlungsbereitschaften der jeweiligen Kunden möglichst gut abschöpfen zu können.

Interdependente Produkte

Die meisten Unternehmen bieten mehrere Produkte an, und die Kosten für Produktion, Marketing und Vertrieb sowie der Absatz für jedes einzelne Produkt beeinflussen sich gegenseitig, insbesondere wenn ein Anbieter mehrere Produkte in demselben Markt(segment) verkauft. Das Preismanagement muss diese Zusammenhänge bei der Preisfestlegung berücksichtigen, denn das wiederum wirkt sich auf die Gewinne, die ein Unternehmen mit seinem Sortiment bzw. einer Produktlinie erwirtschaftet, aus. Im Vordergrund steht also nicht unbedingt die getrennte Optimierung des Preises für ein einzelnes Produkt bzw. des jeweiligen Gewinns, sondern der Gesamtgewinn für das Unternehmen, in dem die Wechselbeziehungen zwischen den Preisen für mehrere Produkte einkalkuliert sind.

Preisbündelung

Wenn ein Unternehmen mehrere unterschiedliche Produkte zusammen in einem Paket anbietet, dann versucht es, über diese Bündelung die Zahlungsbereitschaft seiner (Kunden)segmente von einem Produkt auf die anderen zu übertragen. Üblicherweise ist der Paketpreis niedriger als die Summe der Preise für die einzelnen Produkte.

Für Unternehmen kann die Preisbündelung auch deshalb von Vorteil sein, weil diese die Heterogenität ihrer Kunden reduziert und damit die Preisdifferenzierung effektiver gestaltet. Anbieter verfolgen mit der Preisbündelung diese Ziele:

- **Sie können ihre Gewinne indirekt steigern:** Zwar zahlen die Kunden alle denselben Paketpreis, bringen aber hinsichtlich der einzelnen Komponenten unterschiedliche Präferenzen und Zahlungsbereitschaften mit. So gesehen nehmen Anbieter letztlich eine (versteckte) Preisdifferenzierung vor.
- **Sie segmentieren ihre Kunden:** Wenn Kunden zwischen einem Paketangebot und seinen einzelnen Produkten wählen können, definiert ein Anbieter de facto ein zusätzliches Kundensegment.
- **Sie bündeln unterschiedliche Preise:** Im Paket können Anbieter teurere und günstigere Produkte kombinieren und so die Preisunterschiede nivellieren, weil die angesprochenen Kunden nicht das eine oder andere Produkt einzeln kaufen würden.
- **Sie verdecken Einzelpreise und Preiserhöhungen:** Ist nur der Paketpreis ausgewiesen, wissen Kunden in der

Regel nicht, wie die Preise für die einzelnen Produkte darin aussehen. Zudem können Anbieter die Preise zumindest für einzelne Produkte erhöhen und den Paketpreis so kommunizieren, dass er von Kunden trotzdem als attraktiv wahrgenommen wird.

- **Sie nutzen preispsychologische Effekte:** Einen Gesamtpreis für ein Paket statt mehrerer Preise für einzelne Produkte zu bezahlen, wird von Kunden als weniger schmerzhaft empfunden (siehe Kapitel 4.2).

Umsetzung der Preisbündelung

Nach der Zusammenstellung der einzelnen Produkte und der Form der Preisbündelung legt ein Anbieter den Paketpreis fest. Er muss aber anhand des Paketpreises prüfen, ob die Preise für die einzelnen Produkte nicht doch zu besseren Gewinnergebnissen führen. Eine gut umgesetzte Preisbündelung kann im Vergleich zur Summe der Einzelpreise allerdings zu erheblichen Gewinnsteigerungen führen.

Unternehmen nutzen die Preisdifferenzierung, um ein Produkt in mehreren Vertriebskanälen zu verschiedenen Preisen anzubieten, die unterschiedlichen Zahlungsbereitschaften ihrer Kunden(segmente) voll auszuschöpfen und ihre Gewinne zu optimieren. Dabei können sie sich leistungs-, mengen- und personenbezogener sowie zeitlicher und regionaler Differenzierungsformen bedienen. Indem ein Unternehmen unterschiedliche Produkte in einem Paket bündelt, kann es die Heterogenität seiner Kunden reduzieren und deren Zah-

lungsbereitschaften auf die jeweils anderen Produkte im Paket übertragen. Die Gewinne aus dem Verkauf des Paketes sind dabei höher als die aus dem Verkauf seiner einzelnen Produkte.

3.2 Preisbildung anhand des Produktlebenszyklus

Will ein Unternehmen Preisentscheidungen für einen längeren Zeitraum in der Zukunft treffen, nimmt die Komplexität enorm zu, denn der aktuelle Preis hat zahlreiche Auswirkungen auf zukünftige Absatzmengen, Kosten und Gewinne. Unternehmen wollen gewöhnlich nicht (nur) ihren kurzfristigen Gewinn maximieren, sondern zielen strategisch darauf ab, ihren langfristigen Gewinn zu sichern und zu erhöhen – und damit den Unternehmenswert bzw. Shareholder Value.

Langfristige Preis- und Gewinnoptimierung

Für die langfristige Optimierung seiner Preise muss ein Unternehmen alle Einflussfaktoren berücksichtigen, die sich zukünftig auf seine Preise auswirken, zum Beispiel wie

- innovativ und/oder neu seine Produkte sind,
- seine Kunden(segmente) und Wettbewerber zukünftig auf die neuen Preise und Preisanpassungen reagieren,
- sich die Kosten für die Herstellung der eigenen Produkte voraussichtlich entwickeln werden,
- sich die rechtlichen Vorgaben möglicherweise ändern,

- technische/technologische Neuerungen die Herstellung beeinflussen und sich dabei auf das Produktionstempo und die Produktionskosten auswirken etc.

Der Produktlebenszyklus

Das Lebenszykluskonzept ist ein bekanntes Modell, um Absatzentwicklungen über größere Zeiträume zu beschreiben, wobei das Modell üblicherweise zwischen den Phasen Einführung ⇨ Wachstum ⇨ Reife ⇨ Abschwung unterscheidet. Der Produktlebenszyklus ist allerdings kein Naturgesetz, das für alle Produkte gleichermaßen gilt und nach dem alle Produkte zwangsläufig immer im Abschwung enden. Vielmehr müssen für jedes Produkt die genannten Einflussfaktoren (siehe oben) individuell bestimmt und eingeschätzt werden.

Hinsichtlich der Frage, wie sich der aktuelle Preis auf die zukünftigen Absatzmengen und Gewinne auswirkt, müssen Anbieter folgende Strategien und Effekte im Auge behalten:

- Einführungspreis: Penetrations- oder Skimming-Strategie
- Ankereffekte (siehe Kapitel 4.2)

Einführungsphase: Skimming und Penetration

Bei der Penetrationsstrategie startet ein Unternehmen mit einem niedrigen Produktpreis in den Markt (penetrieren = eindringen) und lässt die darauffolgende Preisentwicklung offen. Sie ist langfristig angelegt und setzt die Risikobereitschaft voraus, für Gewinne in der Zukunft kurzfristig Verluste in Kauf zu nehmen.

Bei der Skimming-Strategie (to skim = abschöpfen) wird ein anfangs hoher Produktpreis gesetzt, damit sich ein Unternehmen die Möglichkeit schafft, in späteren Phasen Preissenkungen durchzuführen, die dann den Absatz (wieder) anschieben sollen. Die Skimming-Strategie führt schnell zu höheren Gewinnen, während ein Unternehmen mit der Penetrationsstrategie die langfristige Gewinnmaximierung verfolgt. Für welche dieser beiden Strategien sich ein Unternehmen entscheidet, hängt ganz wesentlich von seiner Finanzstärke ab.

Wachstums-, Reife- und Abschwungphase

Schon in der **Wachstumsphase**, aber spätestens zu Beginn der **Reifephase** kann ein Unternehmen auf dreifache Weise darauf reagieren, dass Wettbewerber mit vergleichbaren Produkten im Markt erscheinen:

- Mit einer **proaktiven Preissenkung** noch vor dem Markteintritt der Konkurrenz verteidigt das Unternehmen seine Marktführerschaft, verzichtet aber auf kurzfristige Gewinne.
- Reagiert das Unternehmen mit einer Preissenkung erst nachdem die Wettbewerber im Markt auftauchen (**reaktive Preissenkung**), läuft es Gefahr, dass es ihm seine Kunden verübeln, die Preise erst unter dem tatsächlichen Konkurrenzdruck gesenkt zu haben. Zudem kann es damit eine Preisspirale nach unten in Gang setzen – zulasten seiner Gewinne, die durch die Preissenkung ohnehin schon geschmälert werden.
- Das Unternehmen ignoriert den Markteintritt der Wettbewerber, behält seinen bisherigen Preis bei – und nimmt in Kauf, dass seine Marktanteile bröckeln.

In der **Abschwungphase** entsteht für das Produkt eine neue Situation, die das Unternehmen ebenso genau beobachten sollte, weil der Markt aus Kundensicht mehrere vergleichbare Produkte bietet. In dieser Situation kann das Unternehmen auf zwei Arten reagieren:

- Mit einer **Preisreduzierung** kann es den Abschwung zumindest abmildern, denn der Absatzrückgang wäre bei der Beibehaltung des bisherigen Preises noch viel stärker. Das gilt allerdings nicht für nicht mehr wettbewerbsfähige Produkte, denn deren Abschwung ist auch mit einer Preisreduzierung kaum aufzuhalten.
- Mit der **Harvesting-Strategie** (to harvest = ernten) hält ein Unternehmen den Produktpreis und damit die Marge auch in der Abschwungphase hoch, selbst wenn die Absatzmenge (deutlich) zurückgeht. Dieses Vorgehen kann sinnvoll sein, wenn ein Unternehmen plant, ein Nachfolgeprodukt auf den Markt zu bringen, und vermeiden will, dass der Preis für dieses Nachfolgeprodukt im Vergleich zu seinem Vorgänger deutlich höher ist und damit bisherige Kunden abschreckt. Auf diese Weise sorgt das Unternehmen dafür, dass das ursprüngliche Produkt vom Markt verschwindet und dass die bisherigen Kunden auch das Nachfolgeprodukt kaufen, weil der Preisabstand zwischen altem und neuem Produkt gering ist.

Erfahrungskurve

Auch die Herstellungs- und Vertriebskosten für ein Produkt verringern sich erfahrungsgemäß im Verlauf seines Lebenszyklus. Das Konzept der Erfahrungskurve nimmt diesen

Effekt auf und geht davon aus, dass sich die Kosten für die Herstellung und den Vertrieb eines Produkts (= Stückkosten) um einen bestimmten Prozentsatz verringern, wenn sich die gesamte produzierte Menge verdoppelt. Der Prozentsatz, um den sich die Stückkosten jeweils verringern, wird Lernrate genannt.

Das Konzept der Erfahrungskurve bietet sich für eine längerfristige Preisoptimierung an, denn daraus ergeben sich zwei mögliche Preisstrategien für ein Unternehmen: Sollen wir mit einem niedrigen Kampfpreis in den Markt gehen, um die Produktions- und Absatzmenge zu forcieren und damit die Stückkosten schnell zu reduzieren? Oder sollen wir den (hohen) Preis erst einmal beibehalten und abwarten, bis die Stückkosten sinken, und dann erst den Preis reduzieren?

Das Erfahrungskurvenkonzept setzt selbstverständlich voraus, dass ein Unternehmen eine ausreichend große Stückzahl eines Produkts herstellt. Dann sollten die Effekte, die das Konzept beschreibt, in die langfristige Preisplanung und -optimierung dieses Unternehmens eingehen.

Die langfristige Preisoptimierung ist enorm komplex, weil viele Einflussfaktoren Preisentscheidungen für die Zukunft nur unter bestimmten Annahmen ermöglichen. Mit dem Modell des Produktlebenszyklus, der zwischen Anfangs-, Wachstums-, Reife- und Abschwungphase unterscheidet, können Unternehmen ein paar dieser Einflussfaktoren abbilden und daraus konkrete Preismaßnahmen ableiten, zum Beispiel Skimming- oder Penetrationsstrategie, die pro- und die reaktive Preissenkung und das Erfahrungskurvenkonzept.

3.3 Externe Faktoren: Steuern, Internationalisierung, Währungskurse und Zölle

Insbesondere Unternehmen, die auch für ausländische bzw. internationale Märkte und Kunden produzieren, müssen in ihrem Preismanagement zwischenstaatliche und internationale Rahmenbedingungen berücksichtigen.

Steuern

Alle heimischen Unternehmen müssen Steuern zahlen, unter anderem Grund-, Ertrags- und Gewerbesteuer. Diese Steuern wirken sich auf zweierlei Art aus: Steuern, die sich im Preis für Kunden dieser Unternehmen direkt niederschlagen (Umsatzsteuern), und Steuern, die für Unternehmen Kosten darstellen und somit deren Erträge beeinflussen und deshalb bei Preisentscheidungen und in der Preisoptimierung einkalkuliert werden müssen.

Inflation und Deflation

Auch Inflation und Deflation beeinflussen die Preisfindung und -optimierung. Um ihre Gewinne steuern zu können, müssen Unternehmen deshalb sehr genau beobachten, wie sich ihre Beschaffungs- und Absatzpreise über einen längeren Zeitraum entwickeln und inwieweit ihre Preismaßnahmen die gestiegenen Beschaffungspreise abfedern können. Denn in der Praxis zeigt sich immer wieder, dass Unternehmen gestiegene Beschaffungspreise nicht einfach 1:1 an ihre Kunden weitergeben sollten – denn diese sind oft nicht bereit, diese Preiserhöhungen zu akzeptieren, und kaufen diese Produkte nicht mehr, was wiederum die Gewinne der Unternehmen minimiert.

Internationalisierung

Unternehmen, die für internationale Kunden und Märkte produzieren, haben es in ihrem Preismanagement mit ganz speziellen Herausforderungen zu tun. Sie müssen sich für die jeweiligen Märkte, auf denen sie sich bewegen, auf ganz unterschiedliche Rahmenbedingungen einstellen: Käuferverhalten und -präferenzen, Marktstrukturen, Wettbewerber, internationale und nationale Liefer- und Zahlungsbedingungen, Steuern, staatliche Auflagen etc.

Das Preismanagement muss für jeden einzelnen Markt alle diese Einflussfaktoren berücksichtigen. Dazu kommen Zölle, Importquoten, Handelsbeschränkungen, eventuelle internationale Sanktionen, unterschiedliche Währungen und entsprechende Kursschwankungen, die sich ebenfalls auf Preisfindung und -optimierung auswirken.

Preis und staatliche Eingriffe

Unterschiedliche Steuersätze und staatliche Eingriffe wie Import- und Anti-Dumping-Zölle sowie Importquoten haben im grenzüberschreitenden Handel naturgemäß eine größere Bedeutung als im heimischen Markt.

Internationale Liefer- und Zahlungsbedingungen

Im internationalen Warenverkehr haben sich standardisierte Klauseln herausgebildet, die sogenannten Incoterms, die festlegen, welche Kosten der Lieferant und welche der Käufer tragen muss, zum Beispiel für den Warentransport und die Versicherung. Für ein Unternehmen, das ins Ausland liefert, ist wichtig, welche Lieferkosten seine internationalen Kunden als Vergleichsbasis heranziehen und wie sich das auf seine Preisgestaltung auswirkt.

Währungskursentwicklung

Professionelles Preismanagement muss die Währungskurse zwischen verschiedenen Währungsräumen und Ländern im Blick behalten, denn Wechselkursänderungen können sich stark auf die Preisgestaltung auswirken. Außerdem betreffen diese nicht nur exportierende Unternehmen, sondern auch ihre Kunden im Ausland bzw. im anderen Währungsraum, denn die Schwankungen beeinflussen ja auch deren Kaufverhalten und Preisakzeptanz.

Internationaler Preiskorridor

Angesichts des zunehmenden globalen Warenhandels und der vielen Determinanten, die die Festlegung von internationalen Preisen bestimmen (siehe oben), wird das internationale Preismanagement für exportierende Unternehmen immer wichtiger. Denn je nach Markt, Kaufkraft, Käuferverhalten, Wettbewerbssituation etc. ergeben sich unterschiedliche Preise, letztlich also räumliche Preisdifferenzierungen (siehe Kapitel 3.1) auf internationaler Ebene.

Da sich die optimalen Preise für die unterschiedlichen Zielländer und -regionen unterscheiden, muss ein Unternehmen eine gute Balance zwischen dieser Differenzierung und der Standardisierung der internationalen Preise finden.

Mit dem Preiskorridor können Unternehmen ihre Preise so gestalten, dass sie ihre Gewinne optimieren. Die Schaffung eines Preiskorridors verlangt zwar Aufwand und Kosten, da ein Unternehmen für jedes Zielland und jede Zielregion detaillierte Informationen recherchieren, auswerten, daraus eine länder-/regionenspezifische Preisstrategie entwickeln und alle Preise im Preiskorridor zusammenbringen muss. Aber mit der fortschreitenden Harmonisierung von Märkten wird das internationale Preismanagement für exportierende Unternehmen enorm wichtig.

Bei der Preisdifferenzierung verlangen Unternehmen für ein und dasselbe Produkt in unterschiedlichen Vertriebskanälen unterschiedliche Preise, bei der Preisbündelung stellen sie Pakete mit unterschiedlichen Produkten zusammen. Beide Verfahren haben das Ziel, die unterschiedlichen Zahlungsbereitschaften von Kunden zu nutzen, um die Gewinne zu steigern.

- Mit dem Modell des Produktlebenszyklus versuchen Unternehmen, die Komplexität von langfristig wirksamen Preisstrategien zu steuern und aus den Marktentwicklungen taktische Preisentscheidungen abzuleiten.
- Unternehmen müssen in ihrem Preismanagement auch Kosten berücksichtigen, die sich aus Steuern für sie selbst und ihre Kunden ergeben, sowie Inflations- und Deflationsphänomene.

- Exportieren Unternehmen ins Ausland, weil sie internationale Kunden und Märkte bedienen, müssen sie außerdem Zölle, Wechselkursschwankungen und internationale Zahlungs- und Lieferbedingungen in ihre Preisgestaltung einbeziehen.
- Das Konzept des Preiskorridors bietet sich an, um unterschiedliche internationale Preise auszubalancieren.

4. Höhere Preise durchsetzen

Jede noch so ausgefeilte Preispositionierung hilft nichts, wenn sie nicht adäquat umgesetzt wird. Professionelles Preismanagement endet nicht mit einer Markt-, Kunden- und Wettbewerbsanalyse und einer Hochglanzpräsentation, in der die Schlüsse aus dieser Analyse aufbereitet und in eine Preisstrategie gegossen werden, sondern legt auch fest, wie die Preisziele operativ erreicht werden sollen: Wer trifft die Preisentscheidungen? Wie sollen die Preise kommuniziert werden? Und inwieweit kommen dabei preispsychologische Effekte zum Einsatz? Wie kann der Vertrieb die Preise am Markt und vor allem bei den Kunden durchsetzen? Wie sollen die Auswirkungen der Preise auf die Kunden und im Markt sowie die Einhaltung der Preisvorgaben im Unternehmen überwacht werden?

Es geht also in erster Linie um die Frage, wie das Preismanagement in einem Unternehmen organisiert werden soll und welche Strukturen und Prozesse dabei in welcher Form involviert sind.

4.1 Verantwortlichkeiten klar definieren

Grundsätzlich sollten für das Preismanagement eher marktorientierte Abteilungen (Marketing, PR, Vertrieb) und für interne Funktionen zuständige Abteilungen (zum Beispiel Produktion, Controlling, Finanz- und Rechnungswesen) eng zusammenarbeiten. Während Marketing und Vertrieb Aspekte wie die Steigerung des Kundennutzens, die Durchsetzbarkeit der Preise am Markt und die Reaktionen der Wettbewerber betont, bringen vor allem Finanz- und Rechnungswesen sowie Controlling kosten- und gewinnorientierte Überlegungen ein. Für ein professionelles Preismanagement sind beide Zugänge wichtig.

Professionalisierung des Einkaufs

Weil sich die Einkaufsabteilungen und -prozesse bei B2B-Kunden stärker professionalisieren, wird auch das Preismanagement auf der Anbieterseite wichtiger, denn dort müssen die entsprechenden Kompetenzen aufgebaut werden, um eine konsistente Preisstrategie, fundierte Preisentscheidungen, eine klare Preisargumentation gegenüber Kunden, eine größere Preisdisziplin etc. zu gewährleisten. Deshalb entstehen in Unternehmen zunehmend neue Organisationsfunktionen, die sich ausschließlich mit diesen Themen beschäftigen.

Preisabteilungen und Preismanager

Die Mitarbeiter dieser Organisationsfunktionen benötigen spezifische Kenntnisse und entsprechendes Know-how – die nur Spezialisten mitbringen –, denn zu ihrem Anforderungsprofil gehören unter anderem diese Aufgaben:

- die zeitnahe und erfolgreiche Umsetzung der Preisstrategie und entsprechender Preisentscheidungen
- die kontinuierliche Optimierung der Preisentscheidungen anhand der Kosten- und Absatzsituation, der Umsätze

und Gewinne, des Wettbewerber- und Kundenverhaltens etc.
- der Auf- und Ausbau des Pricing-Reportings
- die Optimierung der Pricing-Prozesse
- der Auf- und Ausbau der automatisierten Pricing-Systeme in Abstimmung mit der IT
- etc.

Vor allem bei großen Unternehmen mit einem breiten Sortiment (z. B. Elektronik- und Baumärkte) und bei Unternehmen, die ihre Preise häufig oder sogar ständig anpassen müssen (wie Telekommunikationsanbieter und Fluggesellschaften) ist die Einrichtung spezialisierter Preisabteilungen notwendig.

Preisberater

Für aufwendige strategische Analysen, zum Beispiel bei gravierenden Änderungen der Wettbewerbssituation oder bei den Kosten, bei erheblichen Veränderungen im Kundenverhalten oder gar einer notwendigen Anpassung der Preisstrategie (Repositionierung, siehe Kapitel 2.2), können Unternehmen externe Preisberater hinzuziehen.

Die Rolle des CEO

Der CEO wird zunehmend wichtiger, um professionelles und systematisches Preismanagement zu etablieren und durchzusetzen. Da Preise der wichtigste Gewinntreiber, auch für den Unternehmenswert, ist (siehe Kapitel 1.1), liegt die Verantwortung für Preise und ihre Durchsetzung beim Top-Management und damit letztendlich beim CEO.

Aufgaben des CEO bzw. der Unternehmensführung

Die wichtigste Aufgabe besteht darin, den Unternehmenswert (Shareholder Value) zu steigern und die langfristige Gewinnmaximierung sicherzustellen. Und das bedeutet auch, dass die Unternehmensziele eingehalten werden, die Preisstrategie daran ausgerichtet ist, die internen (Preis-) Entscheidungsprozesse optimal gestaltet sind und eine gewinnorientierte Kultur herrscht, die auch das konsequente Preisverhalten des Unternehmens und seiner Mitarbeiter einschließt. Die konkreten Aufgaben eines CEO hinsichtlich der Preispolitik sind unter anderem:

- klare Preisziele zu definieren
- die Preispositionierung anhand der Unternehmensstrategie festzulegen
- systematische Preismanagementprozesse zu initiieren
- für Preisdisziplin im Unternehmen und gegenüber Kunden und Stakeholdern zu sorgen
- ein konsistentes Führungsverhalten auf allen Managementebenen gegenüber den Mitarbeitern durchzusetzen
- eine preisbewusste Unternehmenskultur zu schaffen
- zusammen mit dem Chief Financial Officer (CFO) die (Preis-)Kommunikation mit Investoren zu pflegen

Die Rolle des Vertriebs

Der Vertrieb spielt für die Durchsetzung von Preisen eine zentrale Rolle, im B2B-Bereich insbesondere der Außendienst, weil die Verkäufer in der Regel vor Ort mit potenziellen Geschäftskunden auch Preise verhandeln müssen. Daher sollten alle Vertriebsmitarbeiter eines Unternehmens so aus- und weitergebildet werden, dass sie die Konsequenzen der Preisstrategie ihres Unternehmens und sich daraus ableitender Preisentscheidungen nicht nur nachvollziehen, sondern sich im Sinne einer Unternehmens-Preiskultur auch damit identifizieren können.

Individuelle Preisentscheidungsbefugnisse

Die Frage, inwieweit Vertriebsmitarbeiter innerhalb eines Preisrahmens, der sich ja aus der Preisstrategie ergibt, selbst konkrete Preisentscheidungen fällen dürfen, lässt sich nicht allgemein beantworten. In der Praxis hat sich eine eingeschränkte Preisentscheidungskompetenz bewährt, wobei sich der Grad der Einschränkung nach der Funktion und dem Status des jeweiligen Vertriebsmitarbeiters richtet.

Provisionen und Incentives

Die Provisionen und Incentives für Vertriebsmitarbeiter sollten sich an den Deckungsbeiträgen der jeweiligen Produkte bzw. den entsprechenden Gewinnen daraus orientieren. Die Incentives müssen deshalb auch konsequent auf die strategischen Ziele des Unternehmens und in ihrem System und in ihrer konkreten Ausgestaltung auf jeden einzelnen Vertriebsmitarbeiter ausgerichtet sein.

Rabatt- und Konditionensysteme

Als **Konditionen** werden die Leistungen, die ein Unternehmen mit seinen Lieferungen verknüpft, und gewöhnlich auch die Leistungen von Kunden bezüglich dieser Lieferungen bezeichnet, zum Beispiel Rückgabemodalitäten und

Zahlungsfristen. Im B2B-Bereich werden diese Konditionen üblicherweise individuell zwischen Kunden und Außendienstmitarbeitern vereinbart, insbesondere bei dauerhaften Geschäftsbeziehungen.

Rabatte sind Preisabschläge, die Unternehmen beim Kauf einräumen und die den Transaktionspreis bestimmen, also den Preis, den ein Kunde unterm Strich zahlt. Es gibt je nach Bezugsgröße unterschiedliche Rabatte, z. B. Mengen-, Funktions-, Treue- und Zeitrabatte oder Skonti.

Rabatte und Konditionen sind für Unternehmen und insbesondere für den Vertrieb ein Hebel, um Preise im Rahmen der strategischen Preisvorgaben individuell an Kundenbedürfnisse anzupassen. Diese Flexibilität in der konkreten Preisgestaltung und -verhandlung ermöglicht einerseits eine Preisdifferenzierung (siehe Kapitel 3.1), andererseits die Steuerung des Kundenverhaltens. Deshalb ist es auch so wichtig, dass alle Konditionen und Rabatte dem Prinzip „Leistung für Gegenleistung" folgen: Sie werden eingeräumt, wenn ein Kunde im Gegenzug ebenso Zugeständnisse macht.

Preiskommunikation

Unternehmen können über die Art und Weise, wie sie ihre Preise kommunizieren, steuern, wie ihre Kunden diese Preise beurteilen – und zwar so, dass ihr Angebot als preiswürdig empfunden wird (siehe Kapitel 4.2).

Für die Preiskommunikation gegenüber (potenziellen) Kunden nutzen Unternehmen zum Beispiel Preislisten, preisbezogene Werbung, Preisgarantien etc., im weiteren Sinne auch Liefer- und Zahlungsmodalitäten.

Preisbündelungen, wie sie zum Beispiel Autohersteller offerieren, sind ein probates Mittel, um (Preis-)Angebote zu vereinfachen, die dann auch gezielt beworben werden können – inklusive der dazugehörigen Preise (siehe auch Kapitel 3.1): Sonderausstattungen von Autos beinhalten in der Regel Dutzende von Features und Merkmalen. Sie alle einzeln aufzulisten, würde die meisten Kunden überfordern und ihre Kaufentscheidungen erheblich erschweren. Werden die einzelnen Ausstattungsmerkmale allerdings in Paketen zusammengefasst (Sportpaket, Komfortpaket, Sicherheitspaket etc.), so lassen sich diese Pakete gezielt bewerben – und lässt sich auch verständlich kommunizieren, welche Preisvorteile Kunden mit Paketpreisen gegenüber der Summe der Einzelpreise haben.

Zahlungsmodalitäten

Zahlungsmodalitäten spielen eine Rolle dabei, wie Kunden Preise wahrnehmen. Beispielsweise kann ein Produkt für einen Interessenten attraktiver werden, wenn der hohe Gesamtpreis auf kleinere Raten heruntergebrochen wird. So bieten zum Beispiel Elektronik- und IT-Händler viele Finanzierungs- und Leasingangebote an, ebenso Händler im B2C-Bereich. Obwohl die Kunden natürlich wissen, dass eine Ratenfinanzierung wegen der Zinsen de facto zu einem höheren Gesamtpreis führt, scheint diese Art der Preiskommunikation ihr Verhalten zu beeinflussen. Diese psychologischen Erkenntnisse wiederum verschaffen Anbietern zusätzliche Möglichkeiten der Preisgestaltung und Preiskommunikationschancen (siehe auch Kapitel 4.2).

Wichtig: IT-Systeme für Preisverhandlungen

Deshalb sollten alle Vertriebsmitarbeiter stets alle relevanten und aktuellen Preisinformationen abrufen können, zum Beispiel über (Online-)Zugriffe auf entsprechende IT-Systeme. Diese sollten ihnen nicht nur die Preise selbst, sondern auch weitere Daten wie Deckungsbeiträge und Informationen zu der sich jeweils daraus ergebenden Provision (siehe oben) liefern sowie verkaufsunterstützende Instrumente wie Argumentationsleitfäden zur Verfügung stellen. Eine ausgefeilte Preismanagementsoftware kann in Echtzeit ermitteln, ob und wie profitabel ein Verkauf ist; und das ist eine der wichtigsten Informationen für die Preisdurchsetzung, denn sie verstärkt die Preisdisziplin von Vertriebsmitarbeitern, insbesondere bei Preisverhandlungen im B2B-Außendienst.

Preiscontrolling

Das Preiscontrolling überwacht zunächst einmal, ob die Preisstrategie und die sich daraus ergebenden Preisziele und -maßnahmen auch umgesetzt wurden: Welche Transaktionspreise wurden tatsächlich erreicht? Welche realen Verkaufspreise hat der Vertrieb erzielt und zu welchen Liefer- und Zahlungsbedingungen? Die Informationen, die sich aus der Analyse ergeben, können nach unterschiedlichen Kriterien sortiert werden: nach Produkten, Kunden, Segmenten, Vertriebskanälen oder Ländern. Ergeben sich Abweichungen gegenüber den Vorgaben, müssen die Entscheider die Ursachen identifizieren und Preis- und Vertriebsmaßnahmen anstoßen, um den Fehlentwicklungen entgegenzusteuern – oder die Planwerte anpassen. Fragen, die das Preiscontrolling stellt, sind unter anderem:

- Werden die geplanten Preise und Absatzmengen realisiert?
- Bei Abweichungen: Wie erklären sich die Unterschiede zwischen den Plan-/Listen- und den Transaktionspreisen?
- Können geplante Preiserhöhungen durchgesetzt werden? Und wie wirkt sich das möglicherweise auf den Absatz aus?
- Welche Rolle spielt der Preis, wenn Aufträge nicht zustande kommen? Gibt es noch andere Faktoren, die dafür infrage kommen?
- Bringen Sonderangebote und andere Preisaktionen die geplanten Ergebnisse?
- Können alle Beteiligten insbesondere im Vertrieb immer die notwendigen Informationen abrufen? Und wenn nicht, warum?

Beraterfunktion

In einem weiteren Sinne kann das Preiscontrolling auch die Aufgabe übernehmen, nicht nur die Wirkung der Preise zu analysieren, sondern den Entscheidern als Berater für die Optimierung der Angebotspreise beiseite zu stehen (siehe Seite 65), die unter anderem diese Fragen beantworten:

- Wie wirken sich die realisierten Preise auf den Absatz aus? Welche Preiswirkung hat eine Preiserhöhung auf den Absatz bzw. eine Steigerung der Absatzmenge auf die Preisgestaltung?
- Werden Ziel- und Konditionsvereinbarungen ein- und nachgehalten? Und wenn nicht, warum?

- Wirken sich Incentivesysteme auf die Vertriebsergebnisse aus? Oder werden sie von Vertriebsmitarbeitern ausgehebelt?
- Welche Veränderungen, zum Beispiel im Marketing-Mix, oder welche anderen Hebel könnten die Preiswirkung so beeinflussen, dass auch nach einer Preiserhöhung die Absatzmenge gleich hoch bleibt – und umgekehrt?
- Wie müssen die Preisstrategie und -ziele im Zeitverlauf angepasst werden, und welche Instrumente sind wann dafür sinnvoll (siehe auch Kapitel 3.2)?
- Wie verändert sich die Markt- und Wettbewerbssituation? Welche anderen externen Einflüsse machen es notwendig, die Preisziele und -maßnahmen anzupassen?

Ein professionelles Preismanagement setzt klare Zuständigkeiten im Unternehmen voraus. Eine zentrale Stellung nimmt dabei der CEO ein, der vor allem für eine „preis-bewusste" Unternehmenskultur sorgt. Große Unternehmen etablieren eigene Preisabteilungen und/oder beschäftigen Preismanager für die Optimierung der Produktpreise. Der Vertrieb konzentriert sich auf die Umsetzung von Preisentscheidungen. Dafür muss wiederum geklärt werden, welche Entscheidungsspielräume Vertriebsmitarbeiter in der Preisgestaltung haben sollen. Die passende Preiskommunikation trägt erheblich dazu bei, dass der Vertrieb die angestrebten Preise tatsächlich am Markt durchsetzen kann. Das Preiscontrolling sollte in den gesamten Preismanagementprozess einbezogen werden, um schon vorzeitig Empfehlungen für gewinnorientierte Preismaßnahmen geben zu können.

4.2 Preispsychologische Effekte nutzen

Die klassische ökonomische Theorie geht vom rational handelnden Homo oeconomicus aus, der über alle notwendigen Informationen verfügt, um eine Kaufentscheidung treffen zu können: Er kennt den Preis und kann den Nutzen und die Qualität eines Produktes unabhängig von dessen Preis beurteilen.

Doch zwischen dem Stimulus „Preis“ und der Response „Kauf“ kommen einige Faktoren ins Spiel, die das Kaufverhalten eines Kunden mitbestimmen:

- Vorerfahrungen mit einem Produkt,
- Wahrnehmungen hinsichtlich Preis, Qualität, Produktpräsentation etc.,
- Emotionen und Nachkauferlebnisse
- und vor allem die Bewertung durch den Kunden.

Entscheidend: Wie Kunden Preise wahrnehmen

Die jeweilige (Kauf-)Situation wirkt sich stark auf die Wahrnehmung eines Preises und das Kundenverhalten aus, ebenso wie sein Vertrauen in den Anbieter bzw. in dessen Marke. Kaufentscheidungen und damit – aus Sicht des Preismanagements – die Absatzmenge hängen meist nicht vom „objektiven“ Preis eines Produkts ab, sondern werden davon bestimmt, wie Kunden Preise wahrnehmen, welche Kaufmotive sie damit verbinden oder wie Preise kommuniziert werden.

Klassische Kaufmotive

Erfahrene Vertriebsmitarbeiter wissen aus ihrer Praxis, dass ein großer Teil der Kaufentscheidungen eben nicht einer rein rationalen Logik folgt, sondern emotional geprägt ist und viel mit persönlichen Werten und subjektiven Wahrnehmungen von Produkten und deren Preisen zu tun hat.

Demnach müssen Vertriebsmitarbeiter die Kaufmotive ihrer Kunden identifizieren und in ihrer Nutzenargumentation in Szene setzen – und dazu gehört eben auch der „richtige“ Preis. Klassische Kaufmotive von Kunden sind:

- Sicherheit – zum Beispiel Qualität, Langlebigkeit, Garantien, Gütesiegel
- Wirtschaftlichkeit – zum Beispiel Gewinnstreben, Sparsamkeit, individuelle Liefer- und Zahlungsbedingungen
- Prestige, Karriere, Ansehen und Erfolg – zum Beispiel Anerkennung, sozialer Status, Einzigartigkeit
- Nachhaltigkeit, Gesundheit und gutes Gewissen – zum Beispiel faire Produktionsbedingungen, regionaler Bezug, ökologische Herstellung
- Neugier – zum Beispiel technische Innovationen, Neuerungen, die zum Entdecken einladen und die Experimentierfreude kitzeln
- Bequemlichkeit – zum Beispiel wenig Aufwand, schneller Kaufprozess, einfacher Rückversand, Aufbau- und Reparaturservice
- Soziale Bedürfnisse – zum Beispiel Zugehörigkeit zu einer Gruppe, Kontaktmöglichkeiten

Diese Motive spielen im Kontext der Preiskommunikation eine große Rolle: Nicht der Preis allein ist ein Kaufmotiv, sondern der Preis im Zusammenspiel mit dem Wert, den potenzielle Kunden einem Produkt und seinem Preis beimessen, und mit den Motiven, die sie letztlich zum Kauf veranlassen – also das Preis-Leistungs-Verhältnis in einem erweiterten Sinne.

Verhaltenswissenschaftliche Modelle

Neben der traditionellen Preispsychologie und den Kaufmotiven erklären verhaltenswissenschaftliche Modelle, warum Kunden wie auf Preise reagieren und liefern Hinweise auf Effekte, die das Preismanagement nutzen kann.

Prospekttheorie

Die Prospekttheorie geht davon aus, dass das Verlustgefühl, das durch den Kaufbetrag ausgelöst wird, von Kunden als stärker empfunden wird als der Gewinnnutzen durch den Erwerb des Produkts. Auf dieser Asymmetrie beruhen Cashback-Angebote: Ein Kunde ist bereit, einen hohen Preis für ein Produkt zu zahlen (Verlustgefühl), weil er sich die Zusage erkauft, gegen Vorlage der Quittung wieder einen Teil des Preises zurückzubekommen (Cashback = Gewinnnutzen). Nach diesem Prinzip funktionieren auch Bonusprogramme wie Payback und DeutschlandCard.

Mental Accounting

Das Mental-Accounting-Modell baut auf der Prospekttheorie auf und geht von der Annahme aus, dass Kunden Produkte in Kategorien einteilen und in diesen „gedanklichen Konten" je nach subjektiver Priorisierung unterschiedlich auf Preise reagieren. Je nach gedanklichem Konto geben Kunden also unterschiedlich viel Geld aus – und entsprechend unterschiedlich fällt auch die Akzeptanz von Preisen aus.

Vereinfachungstaktiken von Kunden

Das Wissen um Kaufmotive und psychologische Effekte ist für das Preismanagement enorm wichtig, denn schon mit kleinen Änderungen bei der Angebots- und Preisgestaltung kann es starke Umsatz- und Gewinnwirkungen auslösen – ohne dafür zusätzliche Kosten in Kauf nehmen zu müssen.

Kunden nutzen für ihre Kaufentscheidungen oft Vereinfachungstaktiken, weil ihnen nur wenige Informationen zur Verfügung stehen oder weil es ihnen an Motivation fehlt, sich stärker mit dem Produkt auseinanderzusetzen, weil ihre Kaufmotive besonders stark angesprochen werden oder weil sie unter Zeit- und Entscheidungsdruck stehen etc. Dieses Kaufverhalten führt zu unterschiedlichen preisbezogenen Phänomenen.

Der Preis als Qualitätsindikator

Viele Kunden nutzen den Preis als Kriterium, um die Qualität eines Produkts adäquat beurteilen zu können, da sie einen starken Zusammenhang zwischen Preis und Qualität vermuten. Teureren Produkten wird meist auch eine höhere Qualität zugeschrieben. Die Preise von Luxus- und Premiumpreisanbietern stehen für viele Kunden deshalb für hochwertige Produkte mit einem starken Qualitätsversprechen, für das sie auch zu zahlen bereit sind.

Preisschwelleneffekte

Als Preisschwelleneffekte werden Effekte bezeichnet, die vor allem durch das Unterschreiten von runden Zahlen wie 5, 10, 20 oder 100 besonders starke Absatzbewegungen auslösen. Die Preisangaben liegen dann bei 4,99, 9,99, 19,99, 99,99 etc. Obwohl Kunden wissen, dass der Preisunterschied jeweils minimal ist bzw. de facto nicht existiert, lassen sie sich dennoch unbewusst beeinflussen. Solche sogenannten gebrochenen Preise sind insbesondere im Handel sehr verbreitet.

Ankereffekte

Wird ein Produkt beispielsweise zu einem Preis von 50 € angeboten, nutzen Kunden diesen Anker als Ausgangspunkt, um vergleichbare Produkte in ihrem Preis-Leistungs-Verhältnis zu beurteilen. Bei Produkten, die 20 oder 30 € kosten, vermuten sie ein Qualitätsdefizit im Vergleich zum „Ankerprodukt" und sind sogar eher offen für höhere Preise. Der Preis dient also auch hier als Qualitätsindikator.

Tendenz zur Mitte

Kunden tendieren zu Produkten, die sich in der Mitte des angebotenen Preisspektrums befinden. Das kommt besonders dann vor, wenn Kunden die Qualität eines Produktes und das Preis-Leistungs-Verhältnis schwer einschätzen können. Das bedeutet für einen Hersteller oder Händler: Er kann den Verkauf seiner mittelpreisigen Produkte bewusst über die Preisspanne seines Sortiments steuern.

Sortimentseffekte

Durch eine geschickte Produktzusammenstellung mit entsprechenden Alternativen lässt sich die Bereitschaft der Kunden nutzen, auch höhere Preise zu zahlen, zum Beispiel weil sie zu einem mittleren Preis tendieren, hinter den günstigeren Preisen Qualitätsmängel vermuten oder die höheren Preise ihren Wunsch nach Prestige gemäß dem Motto „Ich kann mir das leisten“ bedienen (siehe oben).

Fragen für das Preismanagement

Aus den Erkenntnissen der traditionellen und neuen Preispsychologie und den geschilderten Effekten ergeben sich unter anderem diese Fragen und Anhaltspunkte für das Preismanagement:

- Wie sieht das Käuferverhalten unserer Kunden aus? Welche Kaufmotive sprechen meine Produkte bei ihnen an?
- Wie sollen wir unser Angebot zusammenstellen, um mehrere Produkt- und Preisalternativen hinzuzufügen und Sortimentseffekte zu nutzen?
- Wie sollen wir unsere Preise entsprechend kommunizieren? Vor allem hinsichtlich der Qualität, wenn unseren Kunden das Thema wichtig ist?

Professionelles Preismanagement profitiert von preispsychologischen Effekten, unter anderem beim Preis als Qualitätsindikator, bei Preisschwellen-, Anker- und Sortimentseffekten sowie der Tendenz zur Mitte. Zusammen mit dem Wissen um typische Kaufmotive von Kunden können Anbieter daraus passgenaue Preismaßnahmen mit der zielgruppenspezifischen Preiskommunikation entwickeln.

4.3 Einfache und komplexe Preisverhandlungen

Einfache Preisverhandlungen lassen sich von komplexen Preisverhandlungen am ehesten anhand dessen unterscheiden, wie groß die Investition bzw. das Investitionsvolumen ist, wie anspruchsvoll, komplex und erklärungsbedürftig ein Produkt ist und wie viele Personen, vor allem Entscheidungsträger, an der Verhandlung beteiligt sind. Einfache Preisverhandlungen sind sozusagen Alltagsgeschäft, weil es sich dabei üblicherweise um kurze Preisgespräche mit Kunden handelt. Komplexe Preisverhandlungen ziehen sich dagegen meist sich über einen längeren Zeitraum hin, weil die Beteiligten komplizierte und schwierige Fragen klären sowie deren Auswirkungen berücksichtigen müssen.

Wichtige Fragen für professionelle Preisverhandlungen

Diese Fragen aus der Sicht des Vertriebs spielen bei Preisverhandlungen immer eine Rolle:

1. Beeinflusst eine Preisreduzierung die Kaufentscheidung des Kunden?
   ⇨ Antwort ist NEIN: kein Preisnachlass nötig
   ⇨ Antwort ist JA: weiter zur nächsten Frage
2. Sind wir als Unternehmen bzw. bin ich als Vertriebsmitarbeiter bereit, einen Nachlass zu gewähren?
   ⇨ Antwort ist NEIN: keine Preisreduktion
   ⇨ Antwort ist JA: Preisreduzierung nur zu definierten Bedingungen

Zudem sollten Vertriebsentscheider und -mitarbeiter sich in der Vorbereitung auf Preisverhandlungen mit diesen Fragen beschäftigen:

- Habe ich die Preisober- und -untergrenze definiert, also das Spektrum, in dem ich mich bewegen will?
- Habe ich eindeutige Kriterien definiert, anhand derer ich einen Preisnachlass gewähren würde?
- Wie muss meine Argumentation aussehen, anhand derer ich begründen kann, dass mein Preis fair und gerechtfertigt ist? Wie kann ich meinen Preisstolz überzeugend vermitteln?
- Ziele ich nicht nur auf einen möglichst großen Umsatz ab, sondern behalte ich auch das Ziel meines Unternehmens im Auge – nämlich vor allem Gewinn zu erwirtschaften?

Tipps für die Kommunikation mit dem Verhandlungspartner

Denken Sie in Preisverhandlungen* in der Kommunikation mit Kunden an folgende Aspekte:

- ✎ Vermeiden Sie Aussagen und/oder nonverbale bzw. körpersprachliche Signale, die verraten, dass Sie einen Preisnachlass in Betracht ziehen.
- ✎ Als Vertriebsmitarbeiter führen Sie mit Ihren Kunden üblicherweise Gespräche, also Dialoge. In einfachen Preisverhandlungen können Sie mit Ihrem Schweigen Selbstbewusstsein demonstrieren und Ihren Kunden Preisstärke und -standfestigkeit vermitteln. Lassen Sie also vor allem Ihre Kunden sprechen und antworten Sie nur, um Ihre Nutzenargumente zu platzieren.

---

* Für einfache Preisverhandlungen ist die „Preis-Platin-Methode" der Limbeck Group ideal geeignet.

- ✎ Konzentrieren Sie sich auf die Leistung, die Sie anbieten – und nicht auf den Preis, damit Ihre Kunden immer Preis und Leistung ins Verhältnis setzen. So vermeiden Sie, dass Ihre Kunden den Eindruck bekommen, Sie würden Ihren Preis rechtfertigen müssen.
- ✎ Denken Sie an das Prinzip „Leistung für Gegenleistung", wenn Sie Ihren Kunden einen möglichen Preisnachlass signalisieren: Ihre Kunden müssen ihrerseits auf Leistungen in Ihrem Angebot verzichten, wenn sie einen Preisnachlass erwarten.

Für eine sinnvolle Preisgestaltung müssen in einem Unternehmen die Zuständigkeiten im Preismanagement geklärt und entsprechende Strukturen und Prozesse geschaffen werden.

- Erst dann können die Verantwortlichen in der Preisgestaltung nicht nur ökonomische und preisrelevante Daten wie Absatz-, Gewinn- und Marktentwicklungen, sondern auch preispsychologische Erkenntnisse und Effekte nutzen.
- Für die Umsetzung von Preisentscheidungen sind vor allem Vertrieb und Preiskommunikation (zum Beispiel Marketing) verantwortlich.
- Die Vertriebsmitarbeiter bekommen dafür die passenden Instrumente an die Hand (Rabatte, Konditionen, Zahlungsmodalitäten, Provisionen und Incentives) und bereiten sich sorgfältig auf konkrete Preisverhandlungen vor, was die zielorientierte Kommunikation mit Kunden einschließt – vor allem was das Verhalten bei Fragen nach Preisnachlässen betrifft.

Wie unterscheidet sich die Sales Profit Chain von anderen Vertriebskonzepten?

Seite 83

Wie kann die Umsetzung von Managemententscheidungen verbessert werden?

Seite 84

Wie lassen sich Preise und Gewinne mit der TUNE-Methode optimieren?

Seite 86

5. Die Sales Profit Chain (SPC)

Bei der Sales Profit Chain handelt es sich um ein Instrument, mit dem Unternehmen Wirkungsketten in ihrem Haus überprüfen können – also wie sich Entscheidungen in einem Bereich ihres Hauses auf andere Bereiche auswirken.

Das SPC-Instrument wurde entwickelt, um die Wirkungsketten von Vertriebsentscheidungen zu analysieren, und zwar mit dem Ziel, mithilfe einer passenden Vertriebsstrategie und ihrer richtigen Umsetzung die Profitabilität eines Unternehmens zu steigern. Der SPC-Ansatz zeichnet sich dadurch aus, dass er die Gesamtlogik des Vertriebes in ihrem Zusammenhang (Ende-zu-Ende-Ansatz) darstellt, die Wirkungsketten im Vertriebsmanagement sichtbar macht, statt einzelne Bausteine des Vertriebs isoliert zu betrachten, und die Maßnahmen-Umsetzung, die eine typische Hürde ist, als elementaren Teil von Beginn an mit einbezieht.

Einfach ausgedrückt, zäumt der SPC-Ansatz das Pferd von hinten auf: Er definiert zuerst das Ziel – die Kundenseite – und analysiert die Wirkungsketten im Vertrieb mit ihren jeweiligen Entscheidungen Schritt für Schritt von der Kundenseite aus, also rückwärts.

Der SPC-Ansatz eignet sich daher auch für das Preismanagement, denn mit ihm können Unternehmen die Wirkungen ihrer Preise von der Kundenseite aus analysieren und durch entsprechende Preismaßnahmen optimieren.

5.1 Mit der Sales Profit Chain die Wirkungen von Preisen analysieren

Vertriebsentscheidungen wirken sich zunächst auf den Vertrieb aus, dann durch die Umsetzung dieser Entscheidungen auf die Kunden und deren Reaktion schließlich auf die finanziellen Ergebnisse. Das übliche Vorgehen im Vertrieb denkt also vom Management aus, und die Auswirkungen auf die Kunden sowie auf die Umsätze werden als Ergebnis dieser Maßnahmen akzeptiert. Fallen diese Ergebnisse nicht wie geplant aus, werden die ursprünglichen Vertriebsentscheidungen revidiert, bis irgendwann alles passt. Trial and Error im Vertrieb.

SPC im Preismanagement

Übertragen auf das Preismanagement sieht das dann so aus: Wie setzen Vertriebsmitarbeiter die Preisentscheidung des Managements zum Beispiel für ein neues Produkt konkret um, wie wirkt sich das auf die (potenziellen) Kunden aus, und was bedeutet das schlussendlich für den Umsatz und Gewinn aus dem Produktverkauf?

Mit der SPC legt ein Unternehmen hingegen zunächst das gewünschte (Preis-)Ziel fest und prüft anschließend, welche positiven, aber auch negativen Auswirkungen dieses Ziel auf die Kunden und den Vertrieb hat. Werden Effekte auf Kunden- und Vertriebsseite gründlich analysiert, bewertet und gewichtet, lassen sich daraus klare Handlungsempfehlungen für das Management ableiten.

Es geht für das Preismanagement also erst mal darum, die Effekte, die ein Zielpreis auf Kunden und auf die Umsetzung im Vertrieb hat, zu analysieren, um dann von der Managementseite den Preis im Sinne einer Gewinnoptimierung eventuell anzupassen – und die entsprechenden Vertriebsaktivitäten. Die Reihenfolge bei der Analyse nach dem SPC-Ansatz sieht demnach so aus:

Zielpreis ⇨ Kunden ⇨ Vertrieb ⇨ Preismanagement ⇨ Preisanpassung

Vorteile der Sales Profit Chain

Den SPC-Ansatz zeichnet insbesondere aus, dass Preiswirkungen erst einmal simuliert und analysiert werden, bevor endgültige Preise festgelegt werden. Außerdem wird die konkrete Umsetzung auf der operativen Ebene mitgedacht und funktioniert nicht nur als strategisches Konzept. Denn die Gründe für das Scheitern größerer Vertriebsinitiativen liegen in ca. 80 Prozent aller Fälle nicht in der Konzeption, sondern daran, dass ihre Umsetzung nicht oder nur unzureichend geplant wird.

Die Sales Profit Chain analysiert die Wirkung von Managemententscheidungen auf Vertrieb, Kunden sowie Umsatz und Gewinn. Dabei denkt sie vom angestrebten Umsatz oder Gewinn aus über Kunden und Vertrieb zurück zum Management und nimmt insbesondere die konkreten Maßnahmen des Vertriebs unter die Lupe. Daher ist dieses Modell gut geeignet, um die Wirkung von Preisentscheidungen auf Vertrieb, Kunden und Gewinn im Sinne der Preis- und Gewinnoptimierung zu überprüfen.

5.2 Die TUNE-Methode als Analyse- und Optimierungsinstrument

Die TUNE-Methode bildet den Kern des SPC-Ansatzes. Mit ihr lassen sich die für den Vertriebserfolg wichtigsten Wirkungsketten analysieren und die größten Wachstums- und Kostenpotenziale identifizieren. So gesehen, ist die TUNE-Methode eine Art Ultraschallgerät, mit dem Unternehmen auch die Wirkungsketten im Preismanagement unter die Lupe nehmen und daraus konkrete preisrelevante Preismaßnahmen ableiten können, um Preise und Gewinne zu optimieren.

Die TUNE-Analysebereiche

Hinter den vier Buchstaben der TUNE-Methode verbergen sich diese Analysebereiche:

- **T** steht für die Management-Maßnahmen, wobei Vertriebsmanagement-Maßnahmen in vier Bereichen abgeleitet werden: Informations-, Prozess-, Personal- und Support-Management.
- **U** steht für die Wirkungsketten-Analyse der Kunden- und Vertriebsstruktur. Mit dieser Analyse wird die derzeitige Strukturierung der Kunden und des Vertriebs daraufhin geprüft, wo die größten Wachstums- und Effizienzhebel liegen.
- **N** steht für die Wirkungsketten-Analyse der Umsetzungsblockaden, das heißt, sie untersucht, wodurch das angestrebte Verhalten der Kunden und des Vertriebs blockiert wird.
- **E** steht für das gewünschte Ergebnis, das ein Unternehmen anstrebt.

Im Preismanagement ergeben sich für die **Analyse der bisherigen Preisentscheidungen und ihrer Wirkung** unter anderem **folgende Fragen**:

T: Wer trifft die Preisentscheidungen? Wer ist sonst noch daran beteiligt? Wie werden betroffene Unternehmensbereiche darüber informiert? Wer setzt die Preisentscheidungen wie um?

U: Wie sehen die Kundensegmente aus? Nach welchen Kriterien werden Kunden sortiert? Werden alle potenziellen Kunden erfasst oder gibt es Kundengruppen, die noch nicht angesprochen wurden? Wie spricht der Vertrieb die Kundensegmente an, insbesondere hinsichtlich der Preisentscheidungen? Wie sieht die begleitende Preiskommunikation z. B. mit Marketingmaßnahmen aus?

N: Wie reagieren die Kunden auf die Preisentscheidungen? Wie wirken sich diese Reaktionen auf Umsatz und Ertrag aus? Unterstützen die Vertriebsmitarbeiter die Preisentscheidungen? Oder sehen sie diese kritisch? Und wie wirkt sich das auf ihre Kundenkommunikation aus? Mit welchen Instrumenten und Maßnahmen könnte der Vertrieb die Preisentscheidungen besser umsetzen?

E: Welcher Zielpreis wird angestrebt und warum? Wie wirkt sich der Zielpreis auf den Gewinn aus?

12 Fragen für das Preismanagement

Aus der Analyse der Wirkung von Preisentscheidungen ergeben sich erste Ansätze für die Preis- und Gewinnoptimierung. Entsprechend des SPC-Ansatzes setzt die TUNE-Methode zunächst beim Zielpreis an, um in den weiteren Schritten herauszuarbeiten, wie Preisentscheidungen und ihre Umsetzung im Sinne der Preis- und Gewinnoptimierung besser gestaltet werden können. Die folgenden **zwölf Fragen für die Analyse der für den Vertriebserfolg wichtigsten Wirkungsketten** richten sich in ihrer Reihenfolge nach den vier skizzierten Schritten und können daher auch für das Preismanagement angewendet werden:

1. Welche Preisziele verfolgen Sie? Welche Effektivitäts-/Wachstumsziele bzw. welche Effizienz-/Kostenziele?
2. Wie gut bilden Ihre Kundensegmente Ihr tatsächliches Kundenpotenzial im Markt ab?
3. Wie gut passt Ihr Vertriebsaufbau (Vertriebskanäle und -kapazitäten) zu den von Ihnen definierten Kundensegmenten?
4. Wie gut passen Ihre Kompetenzen und das Verhalten Ihrer Vertriebsmitarbeiter zu Ihren Kundensegmenten?
5. Wie müssen sich Ihre Kunden verhalten, damit Sie Ihre Preisziele erreichen?
6. Was hindert Ihre (potenziellen) Kunden am meisten daran, Ihre Preise zu akzeptieren?
7. Was müssen Ihre Vertriebsmitarbeiter tun, um die größten Kundenblockaden hinsichtlich Ihrer Preise zu überwinden?

8. Was hindert Ihre Vertriebsmitarbeiter am meisten daran, Ihre Preise bei Ihren Kunden durchzusetzen?
9. Welche Maßnahmen hinsichtlich des Preismanagements bzw. Ihrer Preisentscheidungen leiten Sie aus der Analyse Ihrer Kunden- und Vertriebsstruktur ab?
10. Welche Maßnahmen hinsichtlich der Prozesse im Preismanagement leiten Sie aus der Analyse Ihrer Kunden- und Vertriebsstruktur ab?
11. Welche Maßnahmen hinsichtlich der am Preismanagement beteiligten Personen leiten Sie aus der Analyse Ihrer Kunden- und Vertriebsstruktur ab?
12. Welche (internen) Maßnahmen hinsichtlich des Supports im Preismanagement leiten Sie aus der Analyse Ihrer Kunden- und Vertriebsstruktur ab?

Optimierung der Kunden- und Vertriebsstrukturen

Der Schwerpunkt der TUNE-Methode liegt bei der Analyse und Verbesserung der Kundensegmente und der Vertriebsstrukturen und -prozesse, die auf diese Kundensegmente ausgerichtet sind. Bei 90 Prozent der B2B-Unternehmen, die die TUNE-Methode anwenden, lassen sich vor allem mit folgenden Maßnahmen die Vertriebsstrukturen und -prozesse eindeutige optimieren:

- (zusätzliche) Kundenpotenziale in einzelnen Kundensegmenten identifizieren
- Preisnachlässe in einzelnen Kundensegmenten reformieren
- Vertriebskanäle für einzelne Kundensegmente stärker organisieren

- die Zuordnung von (personellen und zeitlichen) Kapazitäten für einzelne Kundensegmente verbessern
- die Vertriebsrollen für einzelne Kundensegmente klarer definieren

Der SPC-Ansatz fragt nach den Wirkungsketten von Managemententscheidungen, insbesondere, was diese in ihrer Umsetzung für den Vertrieb, die Kunden sowie für die finanziellen Ergebnisse bedeuten, und ist daher auch für das Preismanagement geeignet.

- Die TUNE-Methode ist das Analyseinstrument und der Optimierungshebel des SPC-Ansatzes.
- In vier Schritten bzw. anhand von zwölf Fragen analysieren Unternehmen zunächst die Auswirkungen ihrer Managemententscheidungen auf ihren Vertrieb, ihre Kunden und ihren Umsatz/Gewinn.
- Anschließend leiten sie, ausgehend von einem definierten Vertriebs- bzw. Preisziel, systematisch Vertriebs- und Preismanagement-Maßnahmen ab, um vor allem Hürden bei der Umsetzung dieser Maßnahmen gezielt abzubauen, ungenutzte Potenziale in Kundensegmenten zu erschließen, ihre Preise zu optimieren und letztlich ihre Umsätze, Deckungsbeiträge und Gewinne zu verbessern.

Fast Reader

1. Grundlagen des Preismanagements

Professionelles Preismanagement spielt für die Gewinnoptimierung eine zentrale Rolle. Das beginnt mit dem Wissen um die Wirkung von Preisen auf Absatzmenge und Kosten und berücksichtigt viele weitere Einflussfaktoren, die Preise (mit-)bestimmen. Ohne Preisstrategie und die Strukturen, Prozesse und Instrumente für ihre erfolgreiche Umsetzung ist professionelles Preismanagement nicht möglich.

- Preise sind noch vor der Erhöhung der Absatzmenge und der Kostenreduzierung der stärkste Hebel für Unternehmen, um ihre Gewinne zu steigern.
- Preise sind allerdings eine komplexe Materie, weil die meisten mehrere Komponenten beinhalten und Unternehmen dabei zusätzliche Einflussfaktoren wie Marktstruktur, Wettbewerber, Kundenverhalten etc. berücksichtigen müssen.
- Preise haben aber gegenüber den anderen Bestandteilen im Marketing-Mix einige erhebliche Vorteile, weshalb das Preismanagement insbesondere für Unternehmen mit großen Sortimenten und solchen, die ihre Preise häufig ändern müssen, immer wichtiger wird.
- Viele Entscheider haben das mittlerweile verstanden und umgesetzt, etablieren spezielle IT-Systeme in ihren Unternehmen und versuchen mit neuen Preismodellen, die Zahlungsbereitschaft ihrer Kunden optimal abzuschöpfen.

2. Preisstrategien entwickeln

Eine Preisstrategie bzw. -positionierung entsteht auf der Basis der jeweiligen Unternehmensstrategie und der systematischen Analyse des Marktes, der definierten Kundensegmente, des Wettbewerbs und anderer relevanter Faktoren.

- Im Zentrum der Bestimmung der Preispositionierung steht der subjektiv wahrgenommene Wert, den die definierten Kunden einem Produkt bzw. einer Marke beimessen und der damit deren Zahlungsbereitschaft bestimmt.
- Demnach muss ein Unternehmen diesen Wert schaffen, kommunizieren und steigern, um seinen Shareholder Value zu erhalten.
- Mit einer der fünf idealtypischen Preispositionierungen – Luxus-, Premium-, Mittel-, Niedrig- und Ultraniedrigpreis – legen sich Unternehmen strategisch langfristig fest, weil sie sich komplett daran ausrichten.
- Deshalb ist eine Veränderung der Preisposition nur bei gravierenden Veränderungen sinnvoll. Erst wenn die Preispositionierung festgezurrt ist, sind konkrete Maßnahmen im operativen Preismanagement angebracht.

3. Preisbildungsverfahren

Preisdifferenzierung und -bündelung sind probate Mittel, um die Zahlungsbereitschaft unterschiedlicher Kunden und die jeweiligen Gewinnpotenziale optimal abzuschöpfen.

- Langfristige Preisentscheidungen basieren auf Annahmen über die Auswirkungen der aktuellen Preise auf zukünftige Absatzmengen und Kosten.
- Dazu kommen externe Faktoren wie Entwicklungen im Markt, im Kundenverhalten, beim Wettbewerb, technologische, rechtliche und fiskalische Rahmenbedingungen sowie in internationalen Märkten zusätzliche Aspekte wie Zölle, Währungsschwankungen, Liefer- und Zahlungsmodalitäten etc.
- Wegen dieser komplizierten Gemengelage greifen Unternehmen zum Modell des Produktlebenszyklus, um in den vier Phasen Einführung, Wachstum, Reife und Abschwung mit unterschiedlichen Instrumenten auf diese Unsicherheitsfaktoren zu reagieren.

4. Höhere Preise durchsetzen

Ein erfolgreiches operatives Preismanagement muss zunächst seine Zuständigkeiten klar definieren, wobei vor allem dem CEO und dem Vertrieb Schlüsselrollen zukommen.

- Dafür müssen die Entscheidungsspielräume, Provisionen und Incentives der Vertriebsmitarbeiter eindeutig geregelt sein, ebenso die Rabatte, Konditionen und Zahlungsmodalitäten.
- Die Preiskommunikation kann im Marketing, aber auch bei konkreten Preisverhandlungen mit Kunden auf deren Kaufmotive und preispsychologischen Effekte zurückgreifen.
- Das Preiscontrolling sollte idealerweise in einer Beratungsfunktion an allen Preisentscheidungen und ihrer Umsetzung beteiligt sein.

5. Die Sales Profit Chain (SPC)

Mit der Sales Profit Chain und dazugehörigen TUNE-Methode können Unternehmen die Auswirkungen von Preisentscheidungen auf ihren Vertrieb, ihre Kunden und damit auf ihre finanziellen Ergebnisse (Umsätze, Erträge, Gewinne) systematisch analysieren.

- Im Gegensatz zu anderen (Vertriebs-)Konzepten definiert das SPC-Modell die richtigen Vertriebs- und Preisentscheidungen von der Kunden- und nicht von der Managementseite aus.
- Die TUNE-Methode mit ihren zwölf Fragen zielt vor allem darauf ab, ungenutzte Kundenpotenziale zu erschließen und Blockaden bei der Umsetzung von Preisentscheidungen zu beseitigen.

Der Autor

Rolf Bielinski vertiefte nach dem Studium der Wirtschaftswissenschaften in den USA seine verkäuferischen Fähigkeiten. Vom Vertriebstrainee bei IBM Global Services bis hin zum Vertriebsvorstand im Maschinenbau hat er sein Knowhow geformt und gibt inzwischen seit über 18 Jahren in Zusammenarbeit mit der Limbeck Group seine Erfahrungen weiter. Der Fokus seiner Tätigkeit liegt auf der Positionierung von Verkaufssystemen, der Übernahme von Umsetzungsverantwortung in Interim Managements sowie auf der Entwicklung und Durchführung von Verkaufs- und Managementtrainings.

www.limbeckgroup.com/team/rolf-bielinski/

Weiterführende Literatur

Simon, Hermann/Fassnacht, Martin: Preismanagement. Strategie – Analyse – Entscheidung – Umsetzung. Wiesbaden: Springer Gabler, 4., vollständig neu bearbeitete und erweiterte Auflage, 2016

Wiesecke, Jan: Die Sales Profit Chain. Wirkungsketten verstehen – Vertrieb optimieren – Profitabilität steigern. Bochum: Bochum Sales Publishing GmbH, 2022

Register